电力营销

业务实训

严 峻 编著

DIANLI YINGXIAO

YEWU SHIXUN

中国电力出版社

CHINA ELECTRIC POWER PRESS

内 容 提 要

　　本书以学习情景的教学方式，对电力营销的基本业务进行了介绍，在每一个教学情景都设置了典型任务及组织实施的方法。全书共分四章，包括电力营销的基础知识、业务扩充与变更用电、电价及电价管理、用电检查，将电力营销基本理论与当前电力营销的实际工作有机地结合起来，力求适应当前电力营销改革的新形势与新要求。

　　本书可作为电力高职高专院校供用电专业的教材，对电力营销专业技术、技能人员具有较强的针对性和适用性，也可作为电力企业职工的培训教材、自学教材和参考书。

图书在版编目（CIP）数据

电力营销业务实训/严峻编著 . —北京：中国电力出版社，2012.2（2021.8 重印）

ISBN 978 - 7 - 5123 - 2273 - 8

Ⅰ.①电…　Ⅱ.①严…　Ⅲ.①电力工业 – 市场营销学　Ⅳ.①F407.615

中国版本图书馆 CIP 数据核字（2011）第 219514 号

中国电力出版社出版、发行

（北京市东城区北京站西街 19 号　100005　http://www.cepp.sgcc.com.cn）

北京雁林吉兆印刷有限公司印刷

各地新华书店经售

*

2012 年 2 月第一版　2021 年 8 月北京第五次印刷

787 毫米×1092 毫米　16 开本　8.125 印张　182 千字

印数 7501—9000 册　定价 **28.00** 元

前　言

　　电力的产、销、用是一个庞大复杂的系统工程，它涉及整个社会、每个领域，涉及国家电价政策和各种管理体制，牵一发而动全身。这其中，电力营销环节是相当重要的，只要在电力产、销、用环节中发挥好营销的作用，就能不断促进电力的良性循环，并产生良好的社会效益。

　　随着电力体制改革与电力市场化的深入开展，我国电力市场进入了以市场需求为导向，满足客户需要为目的的新阶段，电力营销工作要求是以市场为导向，以效益为中心，以法规政策为准则，推进营销体制、机制和管理创新，加大市场开拓力度，增强竞争能力，提高电网公司电力市场占有率；加强电价机制研究，争取合理的电价政策；加强电费回收工作；坚持依法治企，依法经营，树立诚实守信的企业形象。

　　为了适应当前电力营销新形式的需要，在结合供电企业电力营销工作特点，总结多年教学经验编成此书。电力营销业务实训是一门供用电技术专业的学生掌握必备的用电业务专业基本理论知识和基本技能的课程，它是供用电技术专业的一门专业基础课。通过本门课程的学习，使学生能初步进行基本的业务扩充和日常营业工作，制订供电方案，签订供用电合同，并能正确执行相关规程规范，简单开展一些用电业务工作的能力，并为后续专业课程的学习奠定基础。

　　电力营销业务实训的课程教学内容是紧密围绕典型电力营销基本任务展开的，共包括理论教学和实践教学，由四章组成。

　　第一章　电力营销基础知识（含电力营销的定义、电力营销的特性及电力营销的基本知识）。

　　第二章　业务扩充与变更用电（含业务受理、供电方案、供用电合同、变更用电业务受理等内容）。

　　第三章　电价及电价管理（含现行电价政策内容、电费管理及抄核收工作）。

　　第四章　用电检查（含用电检查工作规范与检查范围、违约用电和窃电处理）。

　　课程从培养目标上注重对学生职业能力、情感态度和价值观的培养，并从组织形式和内容设置上来帮助学生在自主探索和合作交流的过程中真正理解和掌握电力营销基本知识与基本技能，在保证安全用电的前提下尽可能提高电力市场营销工作的效益。让学生充分认识到电力营销工作的法规性、管理的规范化和优质服务要求，为培养高素质技能型人才提供有利保障。

在本书编写过程中作者参考了大量书籍和文献，不能一一列举，并得到四川省电力公司营销部的支持与帮助，中国电力出版社有关同志在编写过程中和出版过程中做了大量的工作，在此一并致谢。

由于编写过程仓促以及作者水平有限，书中疏漏之处在所难免，恳请广大读者批评指正。

编　者

2011 年 10 月于成都

目 录

第三章
电价及电价管理 ·· 79

第四章
用电检查 ··· 95

第一章
电力营销基础知识

一、电力营销的定义

电力营销是电力企业通过创造电力产品并为他人或组织交换的电力商品以及价值，以满足电力企业需求和欲望的一种管理过程和社会服务过程。

进入市场经济的电力工业，面临着一种新的环境、新的业务和新的技能的考验，这种考验对电力企业的营销人员尤其直接。

我们知道，电力生产和销售的过程分为发电、输电、配电、用电四个环节。我们把前三个过程称为电力生产，把用电过程称为电力消费。显然，电力的消费带有一种与其他消费不同的性质与特点。电力消费（俗称用电）与电力生产的同时性，电力商品的公益性，电力服务的普遍性原则，电力消费的区域差别和时间差别，使电力的销售和服务大大区别于其他商品的销售和服务。

电力营销业务是电力企业销售过程中的重要环节，世界上任何一种商品的流通，离不开销售环节，而各类电力营销业务是实现电力销售的具体服务手段。电力商品的交换也是以货币交换的形式进行的，卖好电，收好费才能保证企业的经济效益。

售电市场是直接面对电力客户的市场，调整的主要利益关系是各个用户间的利益平衡关系。用户情况虽然差别很大，但从电力消费的角度来看，根据电力客户用电需求的特点，需求层次主要可分为三个方面：

第一层次为"供应需求"，电力客户首先需要充足合格的电力商品，这是对电力供应商最重要、最基本的要求；电力系统应将电力销售和服务作为主营业务，加大城农网改造力度，保证电力、电量供应的充足和可靠、努力提高优质服务能力，营造和树立良好的供电环境和企业形象，在用电客户心目中牢固树立起电力消费信心和商业信誉，为售电量强势增长打开稳固的市场之源。

第二层次为"服务需求"，电力客户要求供电企业在提供合格电力商品的同时，提供优质的服务；在电力商品的交易过程中，唯一能创造价值差异的就是服务，提高服务水平，就可以提高整个行业的发展水平。既要满足工农业生产和人民生活日益增长的需要，又要注意电力工业安全生产所必需的技术要求；既要考虑用户当前的用电需求，又要注意网络今后发展的需要；既要配合城市建设，又要注意电力网的技术改造；既要满足客户需求，又要符合电网发展的可能。认真贯彻为用户服务的精神，简化手续，方便客户，及时供电。

第三层次为"价格需求"，电力行业作为社会公用服务行业，与人们生活息息相关的电价起着牵一发而动全身的作用，电力客户在对电力商品和优质服务需求的基础上，希望支付较低的电价，减少开支，因此，用电营业场所必须公开电价标准和服务程序，鼓励用电客户用低谷电，促进峰谷电价的推广。

二、电力营销的特性

电力这种能源产品的营销，具有与其他工业产品生产、销售和使用不同的特点：

（1）电能的生产、输送、分配及其转换为其他形式能量的过程是瞬间同时的，电能是不能大量储存的。电力系统中瞬间生产的电力，必须等于同一瞬间取用的电力。电力生产发电、供电、用电在同一时间内完成的特点，决定了发电、供电、用电时刻要保持平衡，发供电随用电的瞬时增减而增减。任何其他产品的生产、运输、销售（使用），都是既有联系，又独立存在的，而且其中有一个相对较长的周转期。电力则不同，停止了用电，供电随之停止，发电也随之停止。这就是说电力的生产、运输、销售（使用）是十分紧密地联系在一起的，三个环节，只能共同存在，共同发挥作用，任何一个环节都不能孤立存在，而且在时间上它是瞬时的，没有周转期和间歇期。

（2）电力生产具备高度集中性和统一性。对于其他产品的生产来说，在一个地区内生产同类产品的各工厂，可以隶属于这个行业，也可以隶属于那个行业（如石油化工、电炉钢、电石、铸造等），接受本行业的计划、技术、业务的领导，同类产品的各个工厂，可以制定各自不同的产品规格、技术标准、销售方式，可以根据国家计划或市场需要，组织生产和销售。但是电力产品则截然不同，在一个电网里不管有多少个发电厂、供电局，也不管这些厂、局的隶属关系如何，都必须接受电力网的统一调度，要有统一质量标准（频率、电压）、统一管理办法，在电力技术业务上受电网的统一指挥和领导，电能由电网统一分配和销售，电网设备的检修、启动、停止，发电量和电力的增减，都由电网来决定（这一点还要逐步扩展到用电单位）。

（3）电能使用最方便，适用性最广泛。发电厂、电网经一次投资建成后，随时可以运行。电能不受或很少受时间、地点、气温、风雨、场地的限制。与其他能源相比是清洁、无污染、对人类环境无害的能源。

（4）电力过渡过程相当迅速。电力系统中各元件的投入或退出都在一瞬间完成，电力系统运行方式的改变过程也是非常短促。因此，除了有关生产指挥人员必须具有相应的技术、业务水平外，还必须广泛采用特殊的自动装置和保护装置，才能维持其正常稳定运行。

（5）电力生产销售在国民经济发展中具有先行性。国民经济发展中电力必须先行，人们往往称电力工业为国民经济的"先行官"。所谓先行作用，主要是装机容量、电网容量及发电量增长速度应大于工业总产值的增长。这个数量上的超前关系是由一系列因素决定的，比如：工农业方面生产力的提高，主要依靠劳动生产率的提高并不断提高机械化和电气化的水平；出现许多新的、规模大的、耗电多的工业部门，如电气冶炼、电化学等；农业、交通运输业等，随着技术革新的开展，将广泛使用电能，使电能需求量大大增加；人民生活、文化水平不断提高，家用电器如电视机、电扇、洗衣机、电冰箱、电热器及空调设备等日益增多，使民用电量日益增加。

一般说来，电力消费增长速度总是既要比国民经济的增长速度快，也比一次能源消费的增长速度快。

（6）客户通过电气设备间接消费电力。不论是单位客户还是家庭客户，本身是不会直接消费电力的，其对电力的消费是通过各种电气设备来实现的，各种电气设备在接通电源后，经过不同的工作原理和工艺流程，将电能转化为机械能、光能、热能、化学能等，这些能量形式中的一些如光能、热能等，可以直接为客户服务，有些还必须由某些能量带动相关的机械设备才能生产出最后产品或提供相应服务。由此可见，在电力消费过程中，电气设备对于促进电力销售具有非常重要的作用，电力营销策略的制订不能缺少对电气设备的分析和研究。

（7）电力营销工作服务性强，这是由电力商品的特点所决定的。电力商品有公益性，不可储存性，区域差别性，时间集中性，电价的统一性等特性，尤其是服务技术的专业性，决定了用电客户对供电企业服务的绝对倚赖，这些都在呼唤着电力优质服务。

（8）电力营销工作整体性强。电力商品的销售和流通渠道，靠的是电力网，电力网是集发电厂、输电线路、变电、配电、用电一体化的、同时进行运转的一个整体。依靠电网连接起来的生产、消费渠道，每个环节都扣得很紧，缺一不可，否则安全生产、社会效益、经济效益都会成为一句空话。因此，只有为客户提供规范的整体服务，才会有电力企业的发展。

（9）电力营销的技术性强。电力工业是一种技术密集型工业。在生产和消费的各个环节都采用了大量的先进技术手段。因此电力营销自动化管理的业务流程、信息传送，计量装置的校验与管理的电子化，优质服务的呼叫系统管理，形成了当今电力营销管理的一个鲜明特征，即很强的技术性。

推广、采用现代科学技术手段，推进营销服务的现代化，是电力企业提高工作效率和服务质量，获取经济效率的有力保证。

三、电力营销基本知识

（一）对用户供电电压的确定原则

供电部门对用户的供电电压，应从供用电的安全和经济出发，根据国家标准电压等级、电网规划、用电性质、用电容量、供电方式及具体供电条件等因素，在进行技术经济比较后，与用户协商确定。供电电压可分为高压供电和低压供电两类，按照国家标准，额定电压标准为：

高压供电：10、35（63）、110、220、500kV；

低压供电：单相为220V，三相为380V。

（二）电能质量指标与规定

所谓电能质量，主要是指电力系统中交流电的频率和电压，均应保持在允许变动范围之内。频率和电压的偏差过大，不仅严重地影响电力用户的正常工作，而且对发电厂和电力系统本身的运行也有严重危害。

1. 频率

（1）频率质量要求。频率是衡量电能质量的重要指标之一。我国电力系统的额定频率是50Hz，在电力系统正常状况下，供电频率的允许偏差为：① 电网装机容量在300万kW及以上的，为±0.2Hz；② 电网装机容量在300万kW以下的，为±0.5Hz。

在电力系统非正常状况下，供电频率允许偏差不应超过±1.0Hz。系统的频率主要决定于系统内有功功率的平衡情况。当负荷大于或小于发电厂的输出功率时，系统的频率就要降低或升高。为此要相应调节发电机的输入功率，保持系统功率平衡，如装机容量满足不了负荷增长需要或发生事故造成电源输出功率不足时，应采取措施，包括切除部分负荷，以便尽量保持频率在规定范围运行。

（2）低频率运行的危害。电力系统低频率运行时的危害有：① 汽轮机低压级叶片将由于振动加大而产生裂纹，甚至发生断裂事故。② 使发电厂内的给水泵、风机、磨煤机等辅助设备的输出功率降低，影响发电机的输出功率，严重时可能造成发电厂停机。③ 所有用户的交流电动机的转速都按其比例降低，因而使许多工农业的产品质量和产量都有不同程度的降低。

供用电双方在合同中订有频率质量责任条款的，按下列规定办理：① 供电频率超出允许偏差，给用户造成损失的，供电企业应按用户每月在频率不合格的累计时间内所用的电量乘以当月用电的平均电价的20%给予赔偿；② 频率变动超出允许偏差的时间，以用户自备并经供电企业认可的频率自动记录仪表的记录为准，如用户未装此项仪表，则以供电企业的频率记录为准。

2. 电压

（1）电力系统的额定电压及允许电压偏移。电压同频率一样，是衡量电能质量的指标之一。用电设备最理想的工作电压就是它的额定电压。由于电网中存在电压损耗，通常是线路首端电压高，末端电压低，所以同一电压等级的电网中，各用户不可能均处在额定电压下运行。例如某些变压器或线路退出运行，电力网接线方式改变及某些电源退出运行或投入运行等，也会引起潮流变化和电压变化。因此，严格保证所有用户的某线电压为额定值是不可能的。电力系统运行中各节点电压产生偏移是不可避免的，而大多数的用电设备和电力系统的电气设备也允许电压与额定值有一定偏离。这样从技术、经济角度综合考虑，可以确定电力系统运行时各类用户设备允许的合理的电压偏移。

在电力系统正常状况下，供电企业供到用户受电端的供电电压允许偏差为：① 35kV及以上电压供电的，电压正、负偏差的绝对值之和不超过额定值的10%；② 10kV及以下三相供电的，为额定值的±7%；③ 220V单相供电的，为额定值的+7%，-10%。

在电力系统非正常状况下，用户受电端的电压最大允许偏差不应超过额定值的±10%。

（2）低电压运行的危害及调整电压的必要性。电力系统中的电气设备和用户的用电设备，是按照额定电压设计和制造的，只有在额定电压下运行才能获得最佳的工作效果。电力系统中某些母线电压的偏移过大时，会对电力系统的运行产生不利的影响：

1）电力系统中电压偏移对用户的不利影响：① 烧坏电动机。由于异步电动机的转矩与端电压的二次方成正比，系统电压降低时，各类负荷中占比重最大的异步电动机转差率增大。若电压降低10%，则转矩降低19%。当电动机拖动机械负载时，外加电压降低，绕组中电流将增加大，使电动机绕组的温升增加，效率降低，加速绝缘子的老化和寿命缩短。电动机转差增大，转速下降将影响用户产品的产量和质量。尤其严重的是系统电压降低后，异步电动机的启动过程大为增长，持续较长时间，且较大的启动电流可能会使电动机在启动过程中因温度过高而烧毁。当端电压降低使异步电动机拖不动机械负载时，其转速大幅度降低，直至停转和烧坏电动机。② 电灯不亮。用户的电热设备，如电炉的有功功率与电压的平方成正比，钢铁厂中的电炉将因电压降低而减小发热量，使产品产量和质量下降。电压过低时将减小白炽灯的亮度和发光效率，各种电子设备也不能正常工作。照明设备在电压过高时其寿命也会明显缩短，例如当电压偏移 +10% 时，白炽灯的寿命约缩短一半。白炽灯对电压变动的敏感性较大，当电压降低 5% 时，其光通量减少 18%；电压降低 10% 时，光通量约减少 1/3；电压降低 20% 时，荧光灯不能启动。

2）电力系统中电压偏移对系统和发电厂的不利影响：① 降低系统的稳定性。系统电压降低时，发电机的定子电流将因其功率角的增大而增大，不得不减少发电机所发功率，相似地，也不得不减少变压器的负荷。系统电压降低时，发电厂中由异步电动机拖动的厂用机械（如风机、泵等）输出功率将减小，影响到锅炉、汽轮机和发电机的输出功率。当电压太高时，电气设备的绝缘子会受到损坏。变压器和电动机由于铁芯饱和，损耗和温升都将增加。在电力系统中无功功率不足的情况下，当某些中枢点电压低于某一临界值时，系统中的微小扰动将使中枢点电压急剧下降，这种现象称为"电压崩溃"。"电压崩溃"后，大量电动机将自动切除，某些发电机将失去同步，最后导致系统解列和发生大面积停电的灾难性事故。同时系统远行在较低电压水平时，会降低发电机并联运行的稳定性。综上可见，调整控制电压与调整控制频率一样，应该使电压偏移保持在允许的范围内，这是电力系统运行中的又一个重要问题。② 增大线损。在输送功率一定时，电压降低，输送电流越大，线损越大。③ 降低输、变电设备能力。因容量与电压成正比，电压降低，输变电设备的负载能力相应会降低。

（3）调整电压的措施。电力系统的调压措施可以分为两种类型，一类是依靠调节发电机、变压器的输出端电压而达到调节网络电压的目的；另一类则是依靠改变无功功率分布和线路参数等以实现调压的目的。一般可采取如下措施：

1）改变发电机的端电压来进行调压。我们知道，改变发电机的励磁电流就可以调节它的端电压，一般情况下发电机端电压的调节范围为 ±5%。这种调压措施不需要另外增加设备，是最经济的一种调压方式，故应予优先考虑。这种调压方式的实质就是使发电机的端电压随负荷的大小而调节。当负荷大时，网络的电压损耗也大，这时应调高发电机的端电压以维持网络的电压；反之，当负荷轻时，网络的电压损耗也小，这时则应调低发电机的端电压。但是这种方式只是对孤立运行的小容量电厂或供电范围不大、用户性质相似的电厂才能有效地发挥作用。反之，当用户性质不同、或用户距电源远近相差悬殊时，这种调压方式就不能保证所有用户对电压质量的要求，这时应与其他调压方法配合使用。对于多个发电厂的电力系统，或具有多级电压的电力网，由于其供电范围广，网络各节点上的无功功率平衡情况并不一样，因此单靠发电机调压就不能完全满足要求，而必须主要依靠其他的调压措施。但是，由于发电机调压是一种最经济的调压方式，即使在解决大系统的调压问题时，仍应当尽可能充分地利用发电机的调压能力。

2）改变变压器的分接头或采用专门的调压变压器来调压。改变变压器的分接头，即改变变压器的变比，就可以改变副边的输出电压。这种方式可适用于任何电压等级，是目前广泛采用的一种调压方式。即根据电力系统各级电压电网的需要，适当地装设有载调压变压器，以保证二次电网的电压符合要求。通常，改变变压器分接头的方式有两种：一种是在停电的情况下改换分接头，称为无励磁调压（也称为"无载调压"）；另一种调压方式称为有载调压，它可以在不停电的情况下去改换变压器的分接头，从而使调压变得方便。有载调压变压器的关键部件是有载调压的分接头。一般的中小型变压器只要配用有载分接断路器后，就可以做成有载调压变压器。

3）装设必要的无功补偿设备改变电力网无功功率分布调压。上述的改变发电机的端电压来进行调压、改变变压器的分接头的调压方式，只有在电力系统无功电源充足的条件下才是行之有效的。否则，局部的提高系统中某些点的电压水平，增加了无功功率的消耗，从而导致整个系统的电压水平更加低落，形成了电压水平低落和无功功率供应不足的恶性循环，甚至导致电压崩溃。因此，当电力系统的无功电源不足时，为了保持无功电源与无功负荷的平衡，以维持系统电压正常，就必须在适当的地点装设足够的无功补偿设备，对所缺的无功进行补偿，如调相机、电容器和静止补偿设备等。只有这样才能实现调压的目的，否则别无他法。当然，由于补偿装置的装设，无功功率的分布也就改变了。

4）提高用户功率因数。用户无功负荷应采取就地补偿方式，以提高功率因数无功电力应就地平衡。用户应在提高用电自然功率因数的基础上，按有关标准设计和安装无功补偿设备，并做到随其负荷和电压变动及时投入或切除，防止无功电力倒送。除电网有特殊要求的用户外，用户在当地供电企业规定的电网高峰负荷时的功率因数，应达到下列规定：① 100kV·A 及以上高压供电的用户功率因数为 0.90 以上；② 其他电力用户和大、中型电力排灌站、趸购转售电企业，功率因数为 0.85 以上；③ 农业用电，功率因数为 0.80。凡功率因数不能达到上述规定的新用户，供电企业可拒绝接电。对已送电的用户，供电企业应督促和帮助用户采取措施，提高功率因数。对在规定期限内仍未采取措施达到上述要求的用户，供电企业可中止或限制供电。功率因数调整电费办法按国家规定执行。

5）改变输电线路的参数进行调压。改变输电线的电阻 R 和电抗 X，就可以达到改变电压损耗的目的。减少线路电抗的一种有力的措施是采用串联电压补偿。

6）监视中枢点电压，如主要发电厂和枢纽变电所母线电压。供用电双方在合同中订有电压质量责任条款的，按下列规定办理：① 用户用电功率因数达到规定标准，而供电电压超出规定的变动幅度，给用户造成损失的，供电企业应按用户每月在电压不合格的累计时间内所用的电量乘以用户当月用电的平均电价的 20% 给予赔偿。② 用户用电的功率因数未达到规定标准或因其他用户原因引起的电压质量不合格的，供电企业不负赔偿责任。③ 电压变动超出允许变动幅度的时间，以用户自备并经供电企业认可的电压自动记录仪表的记录为准，如用户未装此项仪表，则以供电企业的电压记录为准。

3. 电压正弦波畸变

在理想状况下，电压波形应是正弦波，但由于电力系统中存在有大量非线性阻抗特性的供用电设备，使得实际的电压波形偏离正弦波，这种现象称为电压正弦波形畸变，通常用谐波来表征电压波形畸变的程度用电压正弦波畸变率来衡量，也称电压谐波畸变率。如式 1-1 是以各次谐波电压的均方根值与基波电压有效值之比的百分数表示：

$$\text{DFU} = \frac{\sqrt{\sum_{n=2}^{\infty}(U_n)^2}}{U_1} \times 100 \ (\%) \qquad (1-1)$$

式中　U_n——第 n 次谐波电压有效值，V；

　　　U_1——基波电压有效值，V。

（1）谐波产生的原因。电网电压波形偏离正弦波形通常用谐波形来表征，谐波是由具有非线性阻抗特性或具有非正弦电流特性的电气设备产生的。装有功率电子元件的电气设备，如硅整流或可控硅整流、逆变、变频调速，调压装置；具有非线性阻抗特性的电气设备，如感应炉、电弧炉、气体放电灯、电抗器、变压器以及电视机、微波炉等家用电器都是谐波源。

（2）谐波的危害。谐波源电气设备接入电网以后，向电网注入谐波电流，谐波电流在电网阻抗上产生谐波电压，谐波电压叠加在正弦波形的 50Hz 电网上，并施加在所有接于该电网的电气设备端，对这些设备的正常工作产生影响，主要会引起电气设备损耗增加，产生局部过热，导致电热器和电动机的过早损坏；电机的机械振动增大，噪声增强，造成工作环境噪声污染；对电子元件产生干扰，引起工作失常；对自动装置或测量仪器产生干扰，造成测量误差增加，自动装置误动作；对电视广播和通信产生干扰，图像和通信质量下降。

电网公共连接点电压正弦波畸变率和用户注入电网的谐波电流不得超过国家标准 GB/T 14549—1993《电能质量公用电网谐波》的规定。

用户的非线性阻抗特性的用电设备接入电网运行所注入电网的谐波电流和引起公共连接点电压正弦波畸变率超过标准时，用户必须采取措施予以消除。否则，供电企业可中止对其供电。

用户的冲击负荷、波动负荷、非对称负荷对供电质量产生影响或对安全运行构成干扰和妨碍时，用户必须采取措施予以消除。如不采取措施或采取措施不力，达不到国家标准 GB 12326—1990《电能质量电压允许波动和闪变》或 GB/T 15543—1995《电能质量三相电压允许不平衡度》规定的要求时，供电企业可中止对其供电。

（3）供电方式。

1）高压供电方式（简称高压用户）。指产权分界点处供电额定电压为高压的供电方式。

2）低压供电方式（简称低压用户）。指产权分界点处供电额定电压直接以 220/380V 的低压的供电方式。

3）单路电源指由一个供电电源、一回供电线路供电的电源。

4）多路电源指由一个或几个电源点，为一个用户由两路以上供电线路供电的电源。

5）趸售供电指向趸购转售电能的供电企业实施的供电称为趸售供电。

6）委托供电指公用供电设施能力不足或公用配电网未到达的地区，为解决该地区一些客户的用电，供电企业委托该地区有供电能力的直供高压客户，代理向其他客户实施的供电。未经供电企业委托，客户不得自行转供电。

7）临时供电指向用电期限短暂或非永久用电的项目，如基建施工、市政建设、抗旱打井、防汛排涝、集会演出等实施的供电。

（4）计电方式。

1）高供高计。高压供电的用户，原则上应在高压侧装设电能计量装置，实行高压供电、高压计量方式。

2）低供低计。低压供电的用户装设低电电能计量装置。

3）高供低计。对于高压供电如有特殊情况，不能安装高压计量装置时，经供用双方协商，可采用高供低计，另加计变压器损耗电量。

无论采取何种计量方式，均应将照明、动力分表分线计量；实行功率因数调整办法的电力用户，需装有有功与双向无功表；对按最大需量计收基本电费的，需装设具有最大需量功能的多功能电子表；实行峰谷分时电价的用户，应装设分时计量表。

（5）负荷分级。国家在电力负荷的分级上有明确的规定，在国家标准上有明确的条款。

1）一级负荷：符合下列情况之一的应为一级负荷：① 中断供电将造成人身伤亡事故的。② 中断供电将在政治、经济上造成重大损失的。例如，造成重大设备损坏或重大产品报废；用重要原料生产的产品将大量报废；国民经济中的重点企业的连续生产过程被打乱，需要较长时间才能恢复等。③ 中断供电将会影响有重大政治、经济意义的用电单位的正常工作的。例如，重要交通枢纽、重要通信枢纽、重要宾馆、大型体育场馆、经常用于国际活动的人员集中的公共场所等。

在一级负荷中，若中断供电将发生中毒、爆炸和火灾等情况的负荷，以及特别重要场所如证券交易所等不容许中断供电的负荷，应视为特别重要的负荷。

2）二级负荷：① 中断供电将在政治、经济上造成较大损失。例如，主要设备损坏，大量产品报废，连续生产过程被打乱等。② 中断供电将影响重要单位的正常工作。例如，交通枢纽、通信枢纽、大型电影院、大型商场等公共场所。

3）三级负荷：不属于一级和二级负荷者应为三级负荷。

（三）行业分类

1. 全社会用电总计

（1）全行业用电合计。

第一产业：农、林、牧、渔业。

第二产业：采矿业、制造业、电力、燃气及水的生产和供应业、建筑业。

第三产业：指除第一、二产业外的其他行业，包括交通运输、仓储和邮政业、信息传输、计算机服务和软件业、批发和零售业、住宿和餐饮业、金融业、房地产业、租赁和商务服务业、科学研究、技术服务和地质勘测业、水利、环境和公共设施管理业、居民服务和其他服务业、教育、卫生、社会保障和社会福利业、公共管理和社会组织、国际组织等。

（2）城乡居民生活用电合计。城镇居民、乡村居民等。

2. 全行业用电分类

指按照国民经济行业用电分类标准，对用电客户的所属行业进行分类，具体包括：

（1）农、林、牧、渔业。农业、林业、牧业、渔业等。

（2）工业：轻工业、重工业。采矿业（重）、制造业（重）、电力、燃气及水的生产和供应业等。

（3）建筑业。房屋和土木工程建筑业、建筑安装业、建筑装饰业、其他建筑业等。

（4）交通运输、仓储和邮政业。

（5）信息传输、计算机服务和软件业。

（6）商业、住宿和餐饮业。

（7）金融业、房地产、商务及居民服务业。

（8）公共事业及管理组织。科学研究、技术服务和地质勘测业、水利、环境和公共设施管理业、教育、文化、体育和娱乐业、卫生、社会保障和社会福利业、公共管理和社会组织、国际组织等。

（9）城乡居民生活用电。

（四）用电类别

（1）居民生活电价是指直供（含趸售）城乡居民住宅用电，机关、部队、团体、学校、工厂等企事业单位的职工住宅用电，大、中学校学生宿舍，劳改单位监舍照明；中、小学教学用电。

（2）非居民照明用电是指除居民生活用电、商业用电及大工业客户生产车间照明以外的照明用电。包括：① 机关、部队、团体、福利院、医院、科研所的照明用电，以及电信、公路管理机关办公用电；② 普通工业和非工业用户中生产照明用电，普通工业、非工业、大工业的办公照明及厂区路灯用电；③ 铁路、航运、航空、交通、邮政、气象、水文、测绘、环卫、新闻出版、广播电视及殡葬用电；④ 非经营性公用设施和公用场所的用电；⑤ 其他无经营性收费的用电。

（3）商业用电是指从事商品交换或提供商业性、金融性、服务性的非公益性有偿服务消耗的电量。不分容量大小，不分照明动力均应执行商业电价。

（4）普通工业用电是指凡以电为原动力或以电冶炼、烘焙、熔焊、电化的工业生产，其受电变压器容量在 3kW 及以上不足 315kV·A 或低压用电者。

（5）大工业用电是指凡以电为原动力或以电冶炼、烘焙、熔焊、电解、电化的一切工业生产，受电变压器容量在 315kV·A 及以上者。

（6）农业生产用电是指农村养殖业、种植业、农、牧、渔的用电。

（7）农排用电是指用于农田排涝、灌溉的用电。

（五）生产班次

（1）一班制：又称"单班制"每日按 8h 计算。

（2）两班制：每天两个班轮班，每日按 16h 计算。

（3）三班制：24h 连续上班。

对于工业用户，过一班而不足两班的，按两班计算；过两班而不足三班的，按三班计算。

（六）付费方式

（1）现金：营业窗口、银行代收等；

（2）委托：托收、转账、代扣等。

第二章
业务扩充与变更用电

学习情境 ❶ 业 务 受 理

▰ 第一部分 学习任务

一、任务描述

（1）根据具体案例，规范填写业务受理工单，收集、审查相关资料，完成新装业务受理工作；

（2）运用 SG186 营销应用系统进行业务受理环节。

二、学习目标

（1）根据具体案例，填写业务受理工单，收集、审查业务资料，提出客户资料存在的问题以及缺失的资料；

（2）受理完成后进行台账登记，并填写用电业务内部传递监督工作单，进行流程传递；

（3）客户应提供的用电申请资料清单应与营销管理标准相结合，并以具体案例为准；

（4）能运用 SG186 营销应用系统进行业务受理环节。

▰ 第二部分 基础知识

业务扩充又称业扩报装，是我国电力企业在用电营销工作中的一个业务术语，它的含义是：受理客户用电申请，根据电网实际情况，办理供电与用电申请，根据电网实际情况，办理供电与用电不断扩充的有关业务工作，以满足客户用电的需求。为了满足市场对电力的需求，电力企业必须不断地新建、扩建发电、输变电和配电等电力设施，不断扩大供电范围、提高供电能力，使发、供电能力与市场需求相适应，并控制一个适当的超前系数。

（一）业务扩充的主要内容

业务扩充的主要内容即客户新装、增容的用电业务受理；根据客户和电网的情况对供电可行性进行审查论证，受理用电申请；制订供电方案并答复客户；组织业扩工程的设计、施工和验收；对客户内部受电工程进行设计审查、中间检查和竣工验收；供电业务费用收取；签订供用电合同；装设电能计量装置、办理接电事宜；资料存档。

（二）业务扩充

业扩工程流程是指供电企业受理客户新装或增容等业扩报装工作的内部传递程序。制定流程的原则是为客户提供快捷便利的服务，业扩报装工作流程图见图 2－1。

流程的具体运作是由供电企业营业窗口供电营业厅"一口对外"完成的。所谓"一口对外"是供电企业的运作遵循内转外不转的原则，即企业内部业务工作传递的所有程序均由用电营业机构统一牵头办理，而客户只要进营业厅的一个窗口，就能在规定期限内办完一次业扩报装申请。

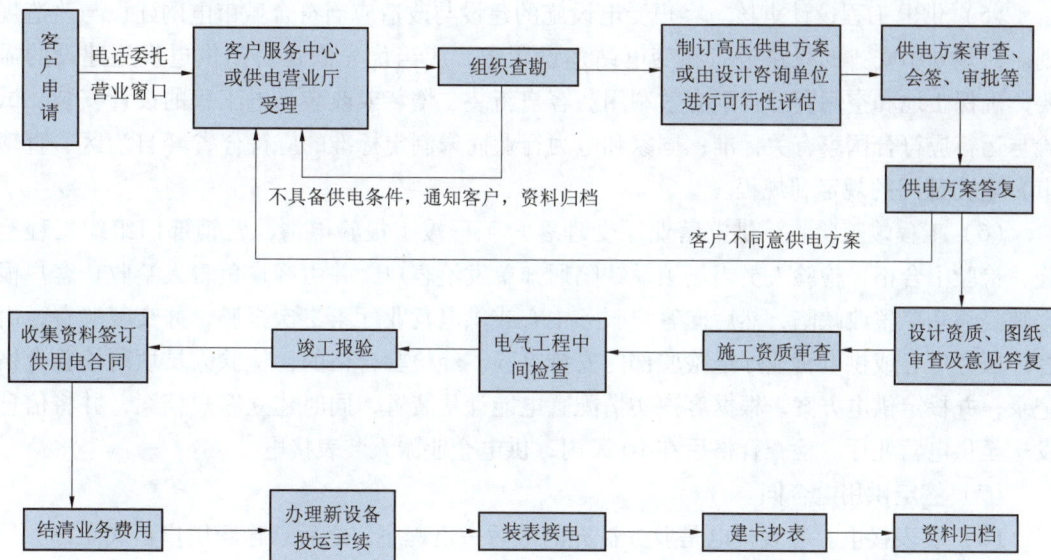

图 2-1 业扩报装工作流程图

(三) 业务扩充的主要环节

（1）用电申请。客户需新装用电或增加用电容量、变更用电，都必须事先到供电企业用电营业场所提出申请，办理用电手续。供电企业的用电营业机构统一归口办理客户的用电申请和报装接电工作。客户办理用电申请时，应向供电企业提供用电工程项目批准的文件和有关的用电资料，包括用电地点、电力用途、用电性质、用电设备清单、用电负荷、保安电力供电可行性审查论证及用电规划等。

（2）供电方案的确定。确定供电方案是业务扩充工作的一个重要环节，供电方案是否合理，将直接影响电网的结构与运行是否合理、灵活，客户的供电可靠性能否满足，电压质量能否保证，客户与供电企业的投资和运行费用是否经济合理等。客户供电方案主要是依据客户的用电要求、用电性质、现场调查以及电网的结构和运行情况来确定。概括为两点：第一是供多少；第二是如何供。供电方案正确与否，将直接影响电网结构与运行，影响客户所需的供电可靠性和电压质量。此外，它还为正确执行分类电价，正确安装电能计量装置，合理计收电费以及建立供用双方的义务关系，解决日常用电中的各种问题奠定了一定的基础。

（3）收取有关费用。供电方案确定以后，用户应向供电企业支付费用，费用包括高可靠性费用、临时接电费用等。客户工程所需费用由客户与设计、施工、供货单位进行结算，供电企业不得为客户指定客户用电工程的设计、施工、供货等单位，即"三不指定"原则。

（4）客户受电装置检查。工程中间检查客户受电工程的设计单位根据业扩报装部门的审批意见修改原设计，待取得同意后，方可安排施工。电气设备安装基本就绪时，客户应通知业扩部门对以隐蔽工程为重点的单位进行中间检查。电气设备的调整试验主要内容包括：耐压、绝缘和接地电阻、继电保护装置整定值调整等。

（5）供电工程设计审核。客户受电设施的建设与改造应当符合城市电网建设与改造规划。对规划中安排的线路走向和变电站建设用地，应当优先满足公用供电设施建设的需要，确保土地和空间资源得到有效利用。客户新装、增装或改装受电工程的设计安装、试验与运行应符合国家有关标准；国家和电力行业尚未制定标准的应符合省（自治区、直辖市）电力部门的规定和规程。

（6）工程竣工验收。供电营业厅受理客户工程竣工报验申请，营销部门组织工程检验，检验不合格，检验人员当场填写缺陷通知单发给客户，并由客户负责人签收。客户根据缺陷通知单整改缺陷，然后向客户服务中心或供电营业厅第二次报验，并交复验费，由客户服务中心或供电营业厅送检验部门安排复验。经检验合格的，检验人员填写检验合格记录，并核定供电方案。根据客户实情配置电能计量装置，同时建立客户档案，并将信息发送至供电营业厅。检查合格后在 10 天内，供电企业派人装表接电。

（7）签定供用电合同。

（8）装表接电。装表接电是业务扩充的最后一道程序，之后意味着用户正式立户。

业务扩充报装完成上述程序后，用电营业机构的业务员将报装接电的全部资料建账立卡归案，作为今后抄表收费和正常营业管理的依据。

第三部分　学习引导

- 学习方式

  课堂传授、资料角、图书馆、教学资料、SG186 系统、咨询老师。

- 学习引导

  新装、增容业务受理。

一、新装增容用电的概念

（1）新装用电是指客户因用电需要，初次向供电企业申请报装用电的情况。增容用电是指用电客户由于原供用电合同约定的容量不能满足用电需要，向供电企业申请增加用电容量的情况。临时用电是指用电客户为短期用电所需容量向供电企业申请用电的情况。委托转供电是指在公用供电设施未到达地区，供电方委托有供电能力的客户（转供电方）向第三方（被转供电方）供电的情况。

（2）新装、增容用电包括：① 新装、增容变压器容量用电；② 新装、增容低压负荷用电；③ 申请双（多）电源用电；④ 申请不经过变压器的高压电动机、自备发电机用电；⑤ 其他负荷用电。

（3）临时用电包括：基建用电、市政建设、抗旱排涝、庆祝集会等非永久性用电，按新装用电手续办理。

二、对业扩报装的要求

（1）供电企业对本供电营业区内具备供电条件的客户有按照国家规定提供供电电源的义务，不得违反国家规定对本供电营业区内的客户拒绝受理申请和拒绝供电。

（2）任何单位或个人需新装用电或增加用电容量，应事先到供电企业用电营业场所提出申请，办理手续。供电企业应在用电营业场所公告办理各项用电业务的程序、制度和收费标准。

（3）供电企业的用电营业机构统一归口办理用户的用电申请和报装接电工作，包括用电申请书的发放及审核、供电条件勘查、供电方案的确定及批复、有关费用收取、受电工程设计的审核、施工中间检查、竣工检验、供用电合同（协议）签约及装表接电等项业务。

（4）客户申请新装或增加用电时，应向供电企业提供用电工程项目批准的文件及有关的用电资料，包括用电地点、电力用途、用电性质、用电设备清单、用电负荷、保安电力、用电规划等，并依照供电企业规定的格式如实填写用电申请书及办理所需手续。

新建受电工程项目在立项阶段，用户应与供电企业联系，就工程供电的可能性、用电容量和供电条件等达成意向性协议，方可定址，确定项目。

未按前款规定办理的，供电企业有权拒绝受理其用电申请。

如因供电企业供电能力不足或政府规定限制的用电项目，供电企业可通知用户暂缓办理。

三、对业务受理的要求

（1）业扩报装受理员对客户提供的所有证照原件、复印件严格审核，核对客户提供的所有证、照名称是否客户申请公章一致，以及原件与复印件的内容是否一致，并在证照的复印件上需注明"复印于×××单位，××年×月×日"字样，加盖其单位公章。同时其证、照必须在有效期内，如个别证照超期，必须经当地证照主管部门签注证照是否有效，盖章后方可办理报装申请，并限期客户补办有效证件。

（2）检查客户资料的完整性。因为供电企业不仅担负着企业经营职能，还担负着社会公益职能，要协助地方对国家明令禁止的高耗能、高污染企业在用电方面进行限制，因此，要求客户提供的资料越来越细。由于各地区地方政策和客户用电性质不同，各地区供电企业要求客户提供的资料也有所不同，下面根据国家电网公司的要求，以某省某供电公司为例，就客户资料完整性进行分析说明。

1）高压客户资料的完整性。高压客户办理新装增容时，应提供以下资料：① 申请报告。内容主要包括报装单位名称、申请报装项目名称、用电地点、项目性质、申请容量、要求供电的时间、联系人和电话等。② 有效的营业执照原件及复印件（若属非企业人的单位应提供机构代码证原件及复印件）。③ 产权证明原件及复印件（若属于租赁，还应提供租赁证明及授权委托书，但户名以委托代理人姓名登记）。④ 法定代表人（或负责人）身份证明原件及复印件。⑤ 经办人的身份证原件及复印件，法定代表人出具的授权委托书。⑥ 政府职能部门有关本项目立项的批复文件。⑦ 建筑总平面图、用电设备明细表、综合管线资料、近期及远期用电容量等，如有其他特别需要说明的需另附书面报告。⑧ 高耗能等特殊行业客户，必须提供环境评估报告、生产许可证等。⑨ 部分省（区）煤矿开采企业除以上要求外，还应提供以下资料：电气一次主接线图（限增容客户）；县（区）级及以上政府煤管部门同意办理新装、增容用电的书面证明材料；"六证"原件（营业执照、安全生产许可证、采矿许可证、煤炭生产许可证、矿长资格证、矿长安全资格证），并留存复印件。属基建的煤矿提供采矿许可证、矿长资格证、矿长安全资格证，并留存复印件。

2）低压居民客户资料的完整性。低压居民客户办理新装增容时，应提供以下资料：① 本人有效居民身份证，并提供复印件。② 独立的户籍证明，提供用电地址的房地产权证复印件（如未办好产权证需提供购房合同复印件）；或土地使用证、房屋租赁证。③ 如委托他人待办，则需代办人的居民身份证原件或其他有效证件及复印件。④《用电申请书》。

3）低压非居民客户资料的完整性。低压非居民客户办理新装增容时，应提供以下资料：① 申请报告。内容主要包括报装单位名称、申请报装项目名称、用电地点、项目性质、申请容量、要求供电的时间、联系人和电话等。② 有效的营业执照复印件（若属非企业人的单位应提供机构代码证复印件）。③ 产权证明及其复印件（若属于租赁，还应提供租赁证明及授权委托书，但户名以委托代理人姓名登记）。④ 法定代表人（或负责人）身份证复印件。⑤ 经办人的身份证及其复印件，法定代表人出具的授权委托书。如有必要还应提供产权证复印件（如未办好产权证需要提供购房合同复印件）、红线图或土地使用许可证，建筑许可证。

（3）客户提供的资料经审核无误后，应出具客户提供资料明细表，注明"该客户共提供资料×件，所有证件或证明材料复核无误"并签字，与客户资料一并保存归档。

（4）允许同一城市内高压新装增容业务异地受理，异地受理客户的用电报装需准确记录客户的联系方式。低压客户的新装增容限制在同一支公司内，可以实现不同营业站之间的异地受理。

（5）辖区接到异地受理的高、低压报装申请后，应及时与客户取得联系，办理后续工作。

（6）客户申请的用电项目为政府规定限制类或客户用电范围有欠费、违约用电等未处理问题，以及供电企业没有供电能力时，应向客户说明不能受理的原因，并通知客户暂缓办理。

（7）受理时应详细记录客户的名称、用电地址、客户身份证号码（对于普通客户）、证照名称、证照号码、法人代表、法人代表身份证号、业务联系人、业务联系电话、报装容量、用电设备清单、行业类别、用电类别等信息，并将上述信息实现微机化管理。

（8）对于手续齐全，符合国家及上级的有关规定的客户，予以登记受理，并按客户类型填报高压客户新装增容用电申请书、低压客户新装增容用电申请书、居民生活用电申请书、居民生活用电（批量）申请书附表一式两份，并加盖客户名章。

四、新装增容业务受理常用表单

新装增容业务受理常用表单包括高压客户新装、增容用电申请书（见表 2-1）；低压客户新装、增容用电申请书（见表 2-2）；居民生活用电申请书（见表 2-3）；居民生活用电（批量）申请书附表（见表 2-4）；客户用电设备登记表（见表 2-5）；客户照明用电设备登记表（见表 2-6）；客户登记证（见表 2-7）；用电业务内部传递监督工作单（见表 2-8）；客户用电业务申请登记簿（见表 2-9）。

表 2 –1 高压客户新装、增容用电申请书

申请编号	
业务类别	

户 号		所属行业 *	
户 名 *		通信地址 *	
用电地址 *		邮 编 *	
法人代表 *		经办人 *	
法人代表电话		经办人电话 *	
企业机构代办证号		身份证号 *	
预计用电时间 *		E-mail	

主要用电类别 *	□ 大工业　□ 非普工业　□ 居民生活		□ 非居民	□ 商业	□ 其他
负荷性质	□ 特别重要	□ 一级	□ 二级		□ 三级
是否申请双电源	□ 是　备用容量：　kV·A		□ 否		
是否自备发电机	□ 是		□ 否		
有无非电保安措施	□ 有		□ 无		

	设备名称	原　装	拆　装	新（增）装	合　计
受电设备容量（千瓦作千伏安计）*	变压器	kV·A　台	kV·A　台	kV·A　台	kV·A
		kV·A　台	kV·A　台	kV·A　台	kV·A
		kV·A　台	kV·A　台	kV·A　台	kV·A
	高压电动机	kW　台	kW　台	kW　台	kW
		kW　台	kW　台	kW　台	kW
	受电设备总容量	kV·A		kV·A	kV·A

	项 目	设备容量	负荷同时系数	最大负荷	功率因数（cosφ）
用电设备容量 *	原 装				
	新（增）装				
	合 计				

	第一期规划时间	规划容量	第二期规划时间	规划容量	第三期规划时间	规划容量	最终规划时间	规划容量
用电规划								

申请用电理由：

特殊用电说明：

客户签名（单位盖章）：

年　月　日

供电部门填写	受理人：	查询号	
	受理日期：　年　月　日		

注　带"＊"的栏目为必填内容。

表 2 - 2　　　　　　　　　　低压客户新装、增容用电申请书

申请编号	
业务类别	

户　　号*		所属行业*		
户　　名*		通信地址*		
用电地址*		邮　　编*		
经办人*		身份证号*		
经办人电话*		E-mail		
预计用电时间*				

主要用电类别*	□ 居民生活	□ 非居民照明	□ 商业用电	□ 非普工业	□ 其他

原装设备*	动力：　　kW	照明：　　kW	合计：　　kW	同时使用：　　kW
	原装电能表	相　　V·A　　具（附　　A低压电流互感器　　具）		
		相　　V·A　　具（附　　A低压电流互感器　　具）		
		相　　V·A　　具（附　　A低压电流互感器　　具）		

新（增）容量*	动力：　　kW	照明：　　kW	合计：　　kW	同时使用：　　kW

申请用电事由：

特殊用电说明：

　　　　　　　　　　　　　　　　　客户签名（单位盖章）：

　　　　　　　　　　　　　　　　　　　　　　年　　月　　日

供电部门填写	受理人：	查询号	
	受理日期：　　年　　月　　日		

注　带"*"的栏目为必填内容。

表 2 - 3   居民生活用电申请书

户 号		身份证号	
户 名		房产证号	
预计用电时间		用电地址	
联 系 人		通讯地址	
联系电话		邮政编码	
经办人		身份证号	
经办人电话			
新装客户	申请用电容量		kW

特别说明：本人特此声明以上所提供资料完全属实。
 	
               客户签名（或经客户授权认可的经办人签名）：_____
 	
                                    年 月 日			

供电部门填写	受理人： 受理日期： 年 月 日	查询号 供电单位盖章：	

注 （1）申请居民生活用电时，请出示居民身份证、户口簿、住房产权证（购房合同）或相关证明及原合表用电时电费结清的依据。

    （2）居民申请"一户一表"用电时使用本申请表。

    （3）居民批量申请时，该表与《居民生活用电（批量）申请书附表》联用。

表2-4 客户用电设备登记表

户　号			户　名				
用电地址			经办人			经办人电话	

动力用电设备

序号	安装地点	设备名称	设备规格				共计(kW)	同时使用(kW)
			相	电压(V)	每台容量(kW)	台数		
1								
2								
3								
4								
5								
6								
7								
8								
9								
10								
合计								

照明用电设备

序号	建筑名称	层数	建筑面积(m²)	(W/m²)	照明用电(kW)	空调及其他用电设备(kW)	合计容量(kW)
1							
2							
3							
4							
5							
合计							

动力和照明用电设备容量总计：	kW

客户签名（单位盖章）：

　注　其他设备是指电扇、冰箱、热水器、取暖器等家用电器及办公设备用电等。

表2-5   客户照明用电设备登记表

户　号	户　名	用电地址		联系人	联系电话

序号	建筑名称	层数	建筑面积（m²）	（W/m²）	照明用电（kW）	空调及其他用电设备（kW）	合计容量（kW）
1							
2							
3							
4							
5							
6							
7							
8							
9							
10							
11							
12							
13							
14							
15							
16							
17							
18							
19							
合计							

客户签名（单位盖章）：

注　其他设备是指电扇、冰箱等家用电器及办公设备用电等。

表 2 -6 居民生活用电（批量）申请书

户　名	地址门牌	联系电话	居民身份证号码

本居民单元共计_____户申请办理一户一表，其中_____户有单立表

经办人		身份证号	
经办人电话			

特别说明：本人特此声明以上所提供资料完全属实。

经办人签名：_____

年　　月　　日

注 经办人须经本表中所列居民客户授权，且应提供有效授权依据。

表 2-7 客户登记证

户　　号		户　　名	
用电地址		查询号	
联系人		联系电话	
收到客户资料	资料名称		时　间
			年　　月　　日
			年　　月　　日
			年　　月　　日
			年　　月　　日
			年　　月　　日
			年　　月　　日
			年　　月　　日
			年　　月　　日
			年　　月　　日
供电部门业务人员		用电业务联系电话	

客户注意事项：（1）请携带该证以便查询和进行工作联系。

　　　　　　　（2）供电特服电话：95598。

表 2-8　　　　　　　　　　用电业务内部传递监督工作单

客户资料	户　号		用电地址	
	户　名		法人代表	
	通信地址		邮　编	
	联系人		联系电话	
客户申请受理人：			业务类别	
受理日期：　年　月　日			查询号	

接受时间	办理内容	办理时间	经办人	办理时限	超时限数	办理情况

注　(1) 本工作单作为对各办理环节的经办人完成工作时间和质量考核提供依据，不能当处理单使用。

　　(2) 本工作单随用电申请书或各类处理单进行传递，工作完毕后随其他资料一并归档。

　　(3) 本工作单也可作为各班组之间、各岗位之间的工作联系单。

表 2-9 客户用电业务申请登记簿

查询号	户　名	受理人	申请时间	用电业务类别	答复日期	完成时间	备注

第四部分　典型任务及实施

一、典型任务

某客户向供电企业申请新装或增容用电，要求：（1）根据给定的条件代客户填写《用电申请书》。（2）根据给定的条件代客户正确规范填写《客户用电设备清单》。（3）根据给定的条件代客户正确规范填写《客户联系卡》。（4）审查业务资料是否齐全、存在问题及进行业务登记。

二、学习任务

（1）根据具体案例，规范填写业务受理工单，收集、审查相关资料，完成新装业务受理工作。

（2）由指导教师给出客户用电基本信息。

1）根据具体案例，填写业务受理工单，收集、审查业务资料，提出客户资料存在的问题以及缺失的资料；

2）受理完成后进行台账登记，并填写《用电业务内部传递监督工作单》，进行流程传递；

3）客户应提供的用电申请资料清单以营销管理标准并结合具体案例为准。

三、组织实施

学生每2～3人为一个小组，每个班可根据人数分成若干小组。要求每个小组根据任务拟定抄表流程计划，然后以小组为单位组织实施计划流程，正确填写表单，交指导教师审查并给出指导。

1. 填写用电申请书

（1）根据给定的案例代客户填写用电申请书；

（2）双电源客户需进行说明。

2. 填写客户用电设备清单

（1）根据给定的案例代客户正确规范填写客户用电设备清单；

（2）清单类型选择正确。

3. 填写客户联系卡

根据给定的案例代客户正确规范填写客户联系卡。

4. 审查业务资料

（1）根据电力营销管理标准规范要求，审查客户提供的业务资料是否齐全；

（2）审查客户提供的业务资料是否存在问题；

（3）将客户提供的资料和欠缺的资料规范填入客户资料登记证和用电申请资料审查意见书中。

5. 业务登记

（1）受理后的用电业务应做书面登记；

（2）填写用电业务内部监督工作单；

（3）在客户用电业务申请登记簿备注栏注明"已录入营销业务应用系统"。

6. 填写规范性

表格填写不得进行涂改。

学习情境 ② 供 电 方 案

▒▒ 第一部分　学习任务

一、任务描述

某客户向供电企业申请新装或增容用电，已知客户的用电负荷、用电性质及对供电的要求、周围电源等情况，要求：

（1）根据客户的用电申请及相关资料，进行资料审查；

（2）根据客户申请和给定的环境条件制订供电方案；

（3）绘制方案示意图并填写高压（低压）供电方案审批表；

（4）填写供电方案通知书答复客户。

二、学习目标

根据提供客户用电申请书、资料目录、供电要求、周围电源等情况，在满足客户供电质量和可靠性的前提下，制订供电方案。方案要经济合理，要考虑施工和维护，要符合电网规划并考虑客户发展。

（1）根据客户的用电申请及相关资料，进行资料审查；

（2）根据客户申请和给定的环境条件制订供电方案；

（3）绘制方案示意图并填写高压供电方案审批表；

（4）填写供电方案通知书答复客户。

▒▒ 第二部分　基础知识

确定供电方案是业务扩充工作的一个重要环节，供电方案正确与否，将直接影响电网的结构与运行是否合理、灵活；客户必须的供电可靠性能否满足；电压质量能否保证；客户变电站的一次性投资与年运行费用是否经济合理等。所以，正确制订供电方案是保证安全、经济、合理地供用电的重要环节。

一、供电方案的主要内容

供电方案包括供电电源位置、供电容量、供电电压等级、进线方式、供电线路敷设，供电回路数、路径、跨越、主接线、运行方式、继电保护方式、调度通信、计量方式、执行电价标准等内容。

供电方案要解决的主要问题实际上可以概括为两个：

（1）"供多少"，是指批准受电容量为多少比较适宜。

（2）"如何供"，是指确定供电电压等级，选择供电电源，明确供电方式与计量方式。

二、供电方案的确定期限及有效期

供电方案确定的期限：居民客户最长不超过 5 天；低压电力客户最长不超过 10 天；

高压单电源客户最长不超过 1 个月；高压双（多）电源客户最长不超过两个月。若不能如期确定供电方案时，供电企业应向客户说明原因。客户对供电企业答复的供电方案有不同意见时，应在一个月内提出意见，双方可再行协商确定。客户应根据确定的供电方案进行受电工程设计。

供电方案有效期是指从供电方案正式通知书发出之日起至受电工程开工日为止：高压供电为 1 年，低压供电为 3 个月，逾期注销。客户如遇特殊情况，应在方案有效期到期前 10 天向供电企业提出书面申请。供电企业视其情况予以办理延期手续。但延长时间最长不能超过前款规定。

三、供电方案的确定原则

供电企业对申请用电的客户提供的供电方式，应从供用电的安全、经济、合理和便于管理出发，依据国家的有关政策和规定、电网的规划、用电需求以及当地供电条件等因素，进行技术经济比较，与用户协商确定。一般应遵从下列原则：

（1）在满足客户供电质量的前提下，方案要经济合理；

（2）考虑施工建设和将来运行、维护的可能和方便；

（3）符合电网发展的规划，避免重复建设；

（4）应注意与改善电网运行的可靠性和灵活性结合起来；

（5）考虑客户的发展前景；

（6）特殊客户，如有冲击性、不对称性用电负荷的客户，要考虑其用电后对电网和其他客户的影响；

（7）低压客户，重点考虑本身线路的负荷、本站变压器的负荷、负荷自然增长因素，以及冲击负荷、谐波负荷、不对称负荷的影响。

在电源配置上应遵从下列原则：

（1）一类负荷应由两个独立电源（独立电源是指若干电源中，任一电源因故障而停止供电时，不影响其他电源继续供电）供电。一般只允许在备用电源自动投入以前这段时间内（几秒钟停电），因此要求用电单位内部安装自动投入装置，或两路电源分段母线运行，将一类用电负荷分别由两段母线供电，在用电设备处装自动切换装置。在一类负荷容量不大，引入第二电源有困难时，可用柴油发电机等设备作自备第二电源，也可从附近的独立供电电源引出低压线作为该负荷的第二电源。事故照明应用蓄电池。

（2）二类负荷是否需要备用电源，应视用户对国民经济的重要程度，通过技术经济比较确定。一般可考虑一回架空线供电。在接用线路时应尽量将二类负荷与三类负荷线路分开。供电电压在 35kV 及以上线路，一律为二类及以上负荷等级线路。

（3）三类负荷对供电无特殊要求。

知识链接

用电负荷分级

1. 一级负荷

符合下列情况之一时，应为一级负荷：

（1）中断供电将造成人身伤亡者；

（2）中断供电将造成环境严重污染者；

（3）中断供电将发生中毒、爆炸、火灾者；

（4）中断供电将造成经济上重大损失者，如重大设备损坏、产品报废，重点企业如冶炼、煤矿、非煤矿山、大型化工、制药等行业的连续生产过程被打乱需长时间恢复等；

（5）中断供电将造成重大政治、经济影响，造成社会公共秩序严重混乱者；经常用于重要、国际活动的大量人员集中的公共场所等用电单位的重要电力负荷；重要的党政机关工作场所和科研重点工程用电；

（6）中断供电将在军事上造成重大影响者，如重要的国防、军事机关工作场所和军事设施等；

（7）中断供电将造成民用高层建筑内大量人群疏散、火灾抢险等困难，危及人身安全者。如 19 层及以上的住宅、办公楼、医院、高级宾馆或高度超过 50m 以上的科研楼、图书馆、档案馆和大型公共场所等建筑。

在一级负荷中，中断供电将危害国家安全、发生中毒、爆炸和火灾等严重后果以及特别重要场所不允许中断供电的负荷，应视为特别重要负荷。如年产量 6 万 t 及以上煤矿、非煤矿山、大型黑色、有色金属冶金、大型化工、电气化铁路、特别重要的公共场所、省市级党政军机关等单位的用电负荷。

2. 二级负荷

符合下列情况之一时，应为二级负荷：

（1）中断供电将在政治、经济上造成较大影响和损失者，如主要设备损坏，大量产品报废，连续生产过程被打乱需要较长时间恢复，重点企业大量减产等；

（2）中断供电将造成较为严重的环境污染者；

（3）中断供电将影响重要用电单位的正常工作，如交通、通信枢纽、区县一级的主要供水、供电系统等重要电力负荷；

（4）中断供电将造成较多人员集中的影剧院、体育场馆、商场、宾馆等公共场所秩序混乱，影响到重要的高等院校科研项目和教学秩序；影响到区县一级重要的党政军机关正常办公秩序；

（5）中断供电将影响到建筑内人群及时疏散、火灾抢险者。如 10～18 层的住宅及高度不超过 50m 的教学楼等。

3. 三级负荷

不属于一、二级负荷者为三级负荷。

四、住宅容量配置

各类住宅的供电基本容量配置见表 2 - 10。

表 2 - 10　　　　　　　　各类住宅的供电基本容量配置

住宅建筑面积	供电基本容量
90m² 以下	6kW/户
90 ~ 144m²	8kW/户
144m² 以上	10kW/户
别墅	按实际需求配置

注　按国家标准，居民住宅照明：7W/m²；一般办公照明：11W/m²；高档办公照明：18W/m²。

五、高可靠性供电费用临时接电费用收取标准

架空供电线路电费收取标准见表 2 - 11；地下电缆供电线路电费收取标准见表 2 - 12。

表 2 - 11　　　　　　架空供电线路电费收取标准　　　　　　[元/kV·A（kW）]

电压等级	0.38/0.22kV	10kV	35kV	63kV	110kV
交纳费用	270	220	170	110	90
自建外部交纳费用	220	160	90	—	—

表 2 - 12　　　　　　地下电缆供电线路电费收取标准　　　　　　[元/kV·A（kW）]

电压等级	0.38/0.22kV	10kV	35kV	63kV	110kV
交纳费用	405	330	255	165	135
自建外部交纳费用	330	240	135	—	—

注　（1）申请新装及增加用电容量的两路及以上多回路供电（含备用电源、保安电源）的用户，除一条供电容量最大的供电回路外，对其余供电回路按接入系统装见容量收取高可靠性供电费用。

（2）临时用电期限一般不超过 3 年。在合同约定期限内结束临时用电的，预交的临时接电费用全部退还用户，确需超过合同约定期限的，由双方另行约定。

六、居民客户的供电

关于居民客户的供电，国家电网公司发布的《城镇一户一表改造的若干规定》已有明确说明，其中包括：

1. 工程改造的原则

要有利于适应住宅用电的增长，有利于居民方便用电和安全用电，有利于今后用电营业的改革；统一标准，合理规划，规范施工，分步实施，逐步推进；一户一表的改造应与城市配电网的改造相结合，进户线的改造应与户内配线的改造相结合。

2. 工程改造的范围

公用配电变压器供电的合表用电的居民住宅；物业管理的居民住宅小区；企事业单位自己供电的职工住宅及转供电的居民住宅。

3. 工程改造的目标与标准

工程改造应以满足居民用电在 30~50 年内的增长达到中等电气化水平的目标。住宅用电中等电气化水平是在普及电视机、洗衣机、电冰箱、电饭煲等家用电器的基础上，考虑冷暖空调和蓄热式电热器进入居民家庭，炊事用能初步电气化，每户住宅日均用电水平达到 7~20kW·h。

对于居民住宅用电，1999 年 6 月 1 日实施的 GB 50096—1999《住宅设计规范》中有明确规定，制订供电方案时可参考。

知识链接

《住宅设计规范》（规定6.5）

（1）每套住宅应设电能表。每套住宅的用电负荷标准及电能表规格，不应小于下表的规定：

套 型	居室空间数（个）	使用面积（m²）	用电负荷标准（kW）	电能表规格（A）
一类	2	34	2.5	5（20）
二类	3	45	2.5	5（20）
三类	3	56	4.0	10（40）
四类	4	68	4.0	10（40）

（2）住宅供电系统的设计，应符合下列基本要求：

（1）应采用 TT、TN－C－S 或 TN－S 接地方式，并进行总等电位连接。［注：TT 系统：TT 系统有一个直接接地点，电气装置的外露导电部分至电气上与低压系统的接地点无关的接地装置。IT 系统：IT 系统的带电部分与大地间不直接连接（经阻抗接地或不接地），而电气装置的外露导电部分则是接地的。TN 系统：系统有一个直接接地点，装置的外露导电部分用保护线与该点连接，按照中性线与保护线的组合情况，TN 系统有 3 种形式：1）TN－S 系统，整个系统的中性线与保护线是分开的；2）TN－C－S 系统，系统中有一部分中性线与保护线是合一的；3）TN－C 系统，整个系统的中性线与保护线是合一的］。

（2）电气线路应采用符合安全和防火要求的敷设方式配线，导线应采用铜导线，每套住宅进户线截面积不应小于 10mm²，分支回路截面积不应小于 2.5mm²。

（3）每套住宅的空调电源插座、电源插座与照明，应分路设计；厨房电源插座和卫生间电源插座宜设置独立回路。

（4）除空调电源插座外，其他电源插座电路应设置漏电保护装置。

（5）每套住宅应设置电源总断路器，并应采用可同时断开相线和中性线的开关电器。

（6）卫生间宜作局部等电位连接。

（7）每幢住宅的总电源进线断路器，应具有漏电保护功能。

（3）住宅的公共部位应设人工照明，除高层住宅的电梯厅和应急照明外，均应采用节能自熄开关。

（4）电源插座的数量，不应少于下表的规定：

部　　位	设　置　数　量
卧室、起居室（厅）	一个单相三线和一个单相二线的插座两组
厨房、卫生间	防溅水型一个单相三线和一个单相二线的组合插座一组
布置洗衣机、冰箱、排气机械和空调器等处	专用单相三线插座各一个

▓▓ 第三部分 学习引导

- **学习方式**
  课堂传授、资料角、图书馆、教学资料、SG186 系统、咨询老师。
- **学习引导**
  制订供电方案

一、用电计算负荷的确定

正确确定客户的用电计算负荷是合理选择客户变、配电站的电器设备、导线、电缆及计量装置大小、规格等的依据。用电计算负荷确定过大会造成投资和资源的浪费，确定过小会造成安全运行的隐患。因此，计算负荷的确定是一项重要而严谨的工作。

确定用电计算负荷的方法有：需要（用）系数法、二项式系数法、同时系数法、用电单耗法、用电负荷密度法、逐级相加法。

若客户是单台用电设备，如单台（长时、短时）电动机，取铭牌额定功率为计算负荷；单个（长时、短时）用电器，取设备标称容量额定为计算负荷；单台反复短时工作电动机，取折算到暂载率为 25% 的额定容量为计算负荷；单台反复短时工作变压器，取折算到暂载率为 100% 的额定容量为计算负荷。

下面简单介绍用电负荷密度法、需要（用）系数法。

（一）采用用电负荷密度的方法

供电企业应根据当地的用电水平，经过调查分析，确定当地的负荷密度指标。

下面是某城市不同客户负荷密度指标：

繁华地区商贸用电——$80 \sim 100 W/m^2$；商贸、写字楼、金融、高级公寓混合用电——$60 \sim 80 W/m^2$；高层住宅——$50 W/m^2$。

（二）采用需用（要）系数的方法

根据客户用电设备的额定容量和行业特点在实际负荷下的需用系数求出计算负荷。

要准确地确定企业的计算负荷是较困难的，因为影响的因素很多，同类型企业也不完全相同，因此仅能根据估算方式求得。一般用下式估算：

$$Pj = (K_0 K_1 / \eta) \sum PH \text{ (kW)}$$

式中：Pj 为企业的计算负荷（最大负荷）（kW）。

K_0 为设备的同时使用系数。为企业在最大负荷时工作着的用电设备总容量（$\sum PH_1$）与全厂用电设备总装容量（$\sum PH$）的比值。$K_0 = \sum PH_1 / \sum PH$

K_1 为负荷系数。为企业在最大负荷时工作着的用电设备实际所需要的功率（P_1）与这些设备的铭牌容量总和（$\sum PH_1$）的比值。$K_1 = P_1 / \sum PH_1 = P_1 / (K_0 \sum PH)$

η 为用电设备在平均功率时的效率。

$\sum PH$ 为企业用电设备装见容量（铭牌）之总和（kW）。

一般将上述因素简单地并成一个系数计算：

$Pj = KC \sum PH$，式中 KC 为需要系数

常见用电设备的需用系数见表 2 – 10。

表 2 – 13   常见用电设备的需用系数

用电设备名称	电炉炼钢	机械制造	纺织机械	面粉加工
需用系数	1.0	0.2 ~ 0.5	0.55 ~ 0.75	0.7 ~ 1.0

二、配电变压器容量的选择

电力变压器空载运行时，需用较大的无功功率。这些无功功率要由供电系统供给。变压器的容量选择过大，不但增加了初投资，而且使变压器长期处于空载或轻载运行，使空载损耗的比重增大，功率因数降低，网络损耗增加，这样运行既不经济又不合理。变压器的容量选择过小，会使变压器长期过负荷，易损坏设备。因此，必须合理地选用变压器的额定容量。变压器的合理选择应考虑以下几点：

（1）变压器的额定容量应能满足全部用电负荷的需要，即满足全部用电设备总计算负荷的需要。就是说，不能使变压器长期处于过负荷状态下运行。

（2）变压器容量不宜过大或过小。对于具有两台及以上变压器的变、配电站，应考虑其中任何一台变压器故障时，其余变压器的容量能满足一、二类全部负荷的需要。

（3）选用变压器容量的种类应尽量少，以达到运行灵活、维修方便及减少备用变压器台数的目的。

（4）当变压器的空载损耗等于其短路损耗，即铁损等于铜损时，变压器的效率最高。变压器的经济运行点并不在满载的区域，其最佳经济运行负载率（β 佳）一般在变压器额定容量的40% ~60% 区域内，即：

$$\beta \text{佳} = \sqrt{p_0 / p_d} \approx 40\% ~60\%$$

式中 p_0 为变压器的空载损耗、p_d 为变压器的短路损耗。变压器的经常负荷应以大于变压器额定容量的60% 为宜。

（5）选用变压器，主要根据设计计算负荷或企业最大负荷（kW）及用电的功率因数 $S = P / \cos\varphi$，S：变压器容量（kV·A），P：企业最大负荷（kW），$\cos\varphi$：企业用电的功

率因数。企业用电的功率因数，因目前大量采用交流感应电动机，在无补偿设备的情况下，都小于1。各种型号电机的功率因数一般可在机电产品手册上查到，但手册上的数值是指电机在额定负载情况下，若电机不在额定负载下运行，其功率因数随负载率而变化。

三、供电电压的选择

（一）低压供电电压的选择

（1）用户单相用电设备总容量不足10kW的可采用低压220V供电。但有单台设备容量超过1kW的单相电焊机、换流设备时，用户必须采取有效的技术措施以消除对电能质量的影响，否则应改为其他方式供电。

（2）用户用电设备容量在100kW以下或需用变压器容量在50kV·A及以下者，可采用低压三相四线制供电，特殊情况也可采用高压供电。用电负荷密度较高的地区，经过技术经济比较，采用低压供电的技术经济性明显优于高压供电时，低压供电的容量界限可适当提高。具体容量界限由省电网经营企业作出规定。

（3）农村地区低压供电容量，应根据当地农村电网综合配置小容量、多布点的配置特点确定。农村地区低压供电容量，要综合考虑配电变压器容量、供电电能质量等因素进行确定。

（二）高压供电电压的选择

（1）客户用电设备容量在100～8000kV·A时（含8000kV·A），宜采用10kV供电。无35kV电压等级的地区，10kV电压等级的供电容量可扩大到15 000kV·A。

（2）客户用电设备总容量在5000～40 000kV·A时，宜采用35kV供电。

（3）客户用电设备总容量在20 000～100 000kV·A及以上时，宜采用110kV及以上电压等级供电。

（4）客户用电设备总容量在100 000kV·A及以上，宜采用220kV电压等级供电。

（5）10kV及以上电压等级供电的客户，当单回路电源线路容量不满足负荷需求且附近无上一级电压等级供电时，可合理的增加供电回路数，采用多回路供电。

（三）临时供电电压的选择

基建施工、市政建设、抗旱打井、防汛排涝、抢险救灾、集会演出等非永久性用电，可实施临时供电。具体供电电压等级取决于用电容量、建设周期和当地的供电条件。

四、电气主接线及运行方式的确定

（一）确定电气主接线的一般原则

（1）根据进出线回路数、设备特点及负荷性质等条件确定。

根据出线回路数来确定主接线型式。如变电站10kV出线回路数在12回以内时可采用单母线分段接线，在12回及以上时采用双母线接线。

负荷性质也决定了主接线型式。如一级负荷采用双电源供电，可以采用桥形、分段单母线接线。二级负荷也可采用线路变压器组接线；三级负荷一般采用单母线、线路变压器组接线。

（2）满足供电可靠、运行灵活、操作检修方便、节约投资和便于扩建等要求。

（3）在满足可靠性要求的条件下，宜减少电压等级和简化接线。

（二）电气主接线的主要型式

桥形接线、单母线、单母线分段、双母线、线路变压器组等。

（三）客户电气主接线

具有两回线路供电的一级负荷客户，其电气主接线的确定应符合下列要求：

（1）35kV 及以上电压等级应采用单母线分段接线或双母线接线。装设两台及以上主变压器，10kV 侧应采用单母线分段接线。

（2）10kV 电压等级应采用单母线分段接线。装设两台及以上变压器，0.4kV 侧应采用单母线分段接线。

（3）具有两回线路供电的二级负荷客户，其电气主接线的确定应符合下列要求：① 35kV 及以上电压等级宜采用桥形、单母线分段、线路变压器组接线。装设两台及以上主变压器，中压侧应采用单母线分段接线。② 10kV 电压等级宜采用单母线分段、线路变压器组接线。装设两台及以上变压器，0.4kV 侧应采用单母线分段接线。

（4）单回线路供电的三级负荷客户，其电气主接线采用单母线或线路变压器组接线。

（四）一、二级负荷的客户运行方式

1. 一级负荷客户

（1）两回及以上进线同时运行互为备用。保证两回及以上进线同时运行互为备用的目的，是保证对一级负荷用电设备的供电，能够同时提供两个电源。而且，在 1 回线路检修或故障停电时，能够满足用电的需要。当采用单母线分段时，允许在分段开关处装设备用电源自动投入装置。

（2）1 回进线主供、另 1 回路热备用。只适用于保安负荷较小的用户。其不足之处是对一级负荷的用电设备只能提供一个电源供电，供电可靠性较次于（1）。也可以允许在 2 个进线开关处装设备用电源自动投入装置。

2. 二级负荷客户

（1）两回及以上进线同时运行。不允许在桥开关、分段开关处装设备用电源自动投入装置。

（2）一回进线主供、另一回路冷备用。只适用于二级负荷较小的用户。当主供电源停电时手动切换到另一回路供电。

（3）不允许出现高压侧合环运行的方式。

五、低压进户点的选择原则

（1）进户点处的建筑应牢固不漏水；

（2）便于进行维修及保证施工的安全；

（3）尽可能接近供电线路和用电负荷中心；

（4）与邻近房屋的进户点尽可能取得一致；

（5）进户处的建筑物尽可能保持完整，不损坏其外表；

（6）进户点离地应不小于 2.5m。

由于接近供电线路和用电负荷中心往往不能同时满足，则应以供电线路施放的长短、负荷的大小等经济技术方面比较来决定进户点。

六、供电距离的一般规定

（一）不同电压等级供电距离的一般规定

（1）低压：农村 0.5km，城市：0.25km；

（2）10kV：15km；

（3）35kV：40km。

（二）各级供电电压与输送容量、输送距离之间的关系

额定电压与输送容量、输送距离之间的关系见表 2 - 14。

表 2 - 14　　　　　　　　额定电压与输送容量、输送距离之间的关系

额定电压（kV）	0.38	10	35	110	220
输送容量（MW）	0.1	0.2 ~ 2.0	2.0 ~ 10	10 ~ 50	100 ~ 300
输送距离（km）	0.6	6 ~ 20	20 ~ 50	50 ~ 150	100 ~ 200

七、加计线路损耗电量，对线路长度的规定

对客户采用专用线路（包括电缆）供电和产权所有线路（包括电缆）达到以下长度并采取受电端计量的，应加计线路损耗电量。

（1）380V 为 0.2km；

（2）6 ~ 10kV 线路为 0.1km；

（3）35kV 及以上线路为 0.5km。

八、导线截面的选择

选择导线的截面必须同时考虑下列四点：

（1）导线的安全载流量及计算负荷电流；

（2）导线的电压降与允许的电压损失；

（3）导线的机械强度（最小截面积）；

（4）应与熔断器（或开关整定值）相配合。

线路的输送容量，按 5 ~ 10 年内发展考虑。架空线路截面一般按经济电流密度选择（10kV 及以下按末端压降选择，10kV 允许 5%，低压允许 4%），以机械强度、发热、电晕以及电压降等技术条件加以校验。

1）按经济电流密度选择导线截面：

$$S = I/J (\text{mm}^2)$$

式中　　　　　　S——导线截面（mm^2）；

$I = P/(\sqrt{3}U\cos\varphi)$——线路输送电流（A）（三相）；

$I = P/(U\cos\varphi)$——线路输送电流（A）（单相）；

J——经济电流密度（A/mm^2）。

注：最大负荷利用小时为 5000h 以上时，导线的经济电流密度：

铝及钢芯铝绞线（LJ，LGJ）为 0.9（A/mm^2）；

铜线为 1.75（A/mm^2）；

35kV 及以下铝芯电缆为 1.54 （A/mm²）；

35kV 及以下铜芯电缆为 2.0 （A/mm²）。

计算出导线的截面后，再选用接近的标准导线截面。如果计算出的截面介于两种标准导线截面之间时，考虑节约有色金属可选用较小一级的标准导线截面。

2）按机械强度校验即满足导线最小允许截面。

1000V 以上架空线路最小允许截面：多股铜（钢）线，线路等级为 1 级是 16mm²、线路等级为 2 级是 10mm²；多股铝及钢芯铝线，线路等级为 1 级是 25mm²、线路等级为 2 级是 16mm²。

3）按导线发热条件校验：

在正常情况下，导线温度不超过：铜线 80℃，铝线、钢芯铝线 70℃（在事故情况下不超过 90℃），钢导线 125℃，并满足导线长期允许的安全电流要求。导线长期允许的安全电流见表 2–15。

表 2–15 导线长期允许的安全电流

导线型号	安全电流（A）	电阻（Ω/km）	导线型号	安全电流（A）	电阻（Ω/km） V
LJ–16	105	1.98	LGJ–95	335	0.33
LJ–25	135	1.28	LGJ–120	380	0.27
LGJ–35	170	0.92	LGJ–150	445	0.21
LGJ–50	220	0.65	LGJ–185	515	0.17
LGJ–70	275	0.46	LGJ–240	610	0.132

4）按电压损失校验：

各级电压损失不应超过《供电营业规则》规定的标准。电力系统供电电压允许偏差见表 2–16。

表 2–16 电力系统供电电压允许偏差

额 定 电 压	允 许 偏 差
35kV 及以上	正、负偏差的绝对值之和不超过额定值的 10%
10kV 及以下三相	±7%
220V 单相	+7%，–10%
农村电力网	正常运行 +7.5%，–10%；事故运行 +10%，–15%

5）按电晕条件校验：

如果线路电压在 110kV 及以上时，还应按电晕条件校验。

满足不同电压等级的送电线路允许使用的导线最小直径和不同型号导线临界电场强度的要求。按电晕要求导线的最小直径见表 2–17。

表 2 -17　　　　　　　　　　　　　　按电晕要求导线的最小直径

电压等级（kV）	35	110	220	330
导线直径（mm）	—	9.6	21.3	33.2（或 2×21.3）
相应的导线截面（mm²）	—	50	240	500
常用导线临界电场强度 E0				
导线型号	LGJQ - 300	LGJQ - 400	LGJQ - 500	LGJJ - 240	LGJJ - 300
半径（cm）	1.175	1.36	1.51	1.12	1.26
E0（kV/cm）	31.65	31.2	30.8	31.8	31.4
导线型号	LGJJ - 400	LGJ - 185	LGJ - 240	LGJ - 300	4 × LGJQ - 300
半径（cm）	1.45	0.95	1.08	1.21	
E0（kV/cm）	31.0	32.5	32.0	31.7	31.3

注　LGJQ - 轻型钢芯铝绞线，LGJJ - 加强型钢芯铝绞线。

九、电能计量知识、电能计量装置的分类及技术要求

1. 电能计量基本知识

电能计量是电力生产、营销以及电网安全运行的重要环节，发、输、配电和销售、使用电能都离不开电能计量。电能计量的技术水平和管理水平不仅影响电能量结算的准确性和公正性，而且事关电力工业的发展，涉及国家、电力企业和广大电力客户的合法权益。电能计量装置准不准，电能表快与慢，备受发、供、用电各方的密切关注。电能计量包含两层含义：一是由电能计量装置来确定电能量值的一组操作。二是为实现电能量单位的统一及其量值准确、可靠的一系列活动。电力企业的电能计量既有计量的一般特性，但又不同于其他门类的计量和一般意义的电能计量，这是因为它与电力的生产和营销密切相关，具有以下特点：

（1）电力系统具有跨区、跨省联网运营的自然特性，必然要求整个系统内的电能量值准确而统一；

（2）电力生产具有发、供、用电同时完成的特性，必然要求保证供电的连续性，因此，电能计量就必须是在线的；

（3）接入电力系统的电能计量装置与其他电气设备必须配套，并连接成网络一起运行，电能计量工作必须要遵守电力系统的安全、运行规则；

（4）电能计量是电力营销的重要环节，卖电、买电都离不开"秤"，应该公正、诚信；

（5）电能计量涉及发、供、用三方的经济利益，因此要求具有较高的准确性。

2. 电能计量装置

电能计量装置是用于测量和记录发电量、厂用电量、供（互供）电量、线损电量和客户用电量的电能计量器具及其辅助设备的总称。电能计量装置包括各种类型的电能表、计量用 TV、TA 及其二次回路、电能计量柜（箱）等。

电能计量装置的种类很多，实际工作中经常遇到的有以下几种：① 大多数的电能计

量装置仅仅只有一只电能表；② 除电能表外还有 TA 及其计量二次回路；③ 包含有电能表，TV、TA 及其计量二次回路；④ 电能计量柜或电能计量箱。可见，无论哪种类型的电能计量装置都必须有电能表，它是电能计量装置最基本的组件，否则不能称之为电能计量装置。在实际工作中，为满足电能计量的不同要求，往往有不同类型的电能表或者各种类型电能表的组合。电力营销活动中的电能计量器具仅指用于电量结算和收费的各种类型的电能表、计量用 TV 和 TA。

3. 电能计量装置的分类

运行中的电能计量装置按其所计量电能量的多少和计量对象的重要程度分五类（I、II、III、IV、V）进行管理。

（1）I 类电能计量装置。月平均用电量 500 万 kW·h 及以上或变压器容量为 10 000kV·A 及以上的高压计费用户、200MW 及以上发电机、发电企业上网电量、电网经营企业之间的电量交换点、省级电网经营企业与其供电企业的供电关口计量点的电能计量装置。

（2）II 类电能计量装置。月平均用电量 100 万 kW·h 及以上或变压器容量为 2000kV·A 及以上的高压计费用户、100MW 及以上发电机、供电企业之间的电量交换点的电能计量装置。

（3）III 类电能计量装置。月平均用电量 10 万 kW·h 及以上或变压器容量为 315kV·A 及以上的高压计费用户、100MW 及以下发电机、发电企业厂（站）用电量、供电企业内部用于承包考核的计量点、考核有功电量平衡的 110kV 及以上的送电线路电能计量装置。

（4）IV 类电能计量装置。负荷容量为 315kV·A 以下的计量用户、发供电企业内部经济技术指标分析、考核用的电能计量装置。

（5）V 类电能计量装置。单相供电的电力用户计费用电能计量装置。

4. 电能计量装置的接线方式

（1）接入中性点绝缘系统的电能计量装置，应采用三相三线有功、无功电能表。接入非中性点绝缘系统的电能计量装置，应采用三相四线有功、无功电能表或 3 只感应式无止逆单相电能表。

（2）接入中性点绝缘系统的 3 台 TV，35kV 及以上的宜采用 Y/y 方式接线；35kV 以下的宜采用 V/V 方式接线。接入非中性点绝缘系统的 3 台 TV，宜采用 Y/y 方式接线。其一次侧接地方式和系统接地方式相一致。

（3）低压供电，负荷电流为 50A 及以下时，宜采用直接接入式电能表；负荷电流为 50A 以上时，宜采用经 TA 接入式的接线方式。

（4）对三相三线制接线的电能计量装置，其 2 台 TA 二次绕组与电能表之间宜采用四线连接。对三相四线制连接的电能计量装置，其 3 台 TA 二次绕组与电能表之间宜采用六线连接。

5. 准确度等级

（1）各类电能计量装置应配置的电能表、互感器的准确度等级不应低于表 2 – 18 所示值。

表 2 – 18　　　　　　　　　　　　　准 确 度 等 级

电能计量装置类别	准 确 度 等 级			
	有功电能表	无功电能表	TV	TA
Ⅰ	0.2S 或 0.5S	2.0	0.2	0.2S 或 0.2*⁾
Ⅱ	0.5 或 0.5S	2.0	0.2	0.2S 或 0.2*⁾
Ⅲ	1.0	2.0	0.5	0.5S
Ⅳ	2.0	3.0	0.5	0.5S
Ⅴ	2.0	—		0.5S

*）0.2 级 TA 仅指发电机出口电能计量装置中配用。

注　S 级电能表与普通电能表的主要区别在于小电流时的特性不同，普通电能表对 5% I_b 以下没有误差要求，而 S 级电能表在 1% I_b 误差即满足要求，提高了电能表轻负载的计量性；

　　S 级 TA 与普通 TA 相比，在低负载时误差特性比普通电流互感器好，在 1% ～120% I_b 都能满足误差要求。

（2）Ⅰ、Ⅱ类用于贸易结算的电能计量装置中 TV 二次回路电压降应不大于其额定二次电压的 0.2%；其他电能计量装置中 TV 二次回路电压降应不大于其额定二次电压的 0.5%。

6. 电能计量装置的配置原则

（1）贸易结算用的电能计量装置原则上应设置在供用电设施产权分界处；在发电企业上网线路、电网经营企业之间的联络线路和专线供电线路的另一端应设置考核用电能计量装置。

（2）Ⅰ、Ⅱ、Ⅲ类贸易结算用电能计量装置应按计量点配置计量专用 TV、TA 或者专用二次绕组。电能计量专用 TV、TA 或专用二次绕组及其二次回路不得接入与电能计量无关的设备。

（3）计量单机容量在 100MW 及以上发电机组上网贸易结算电量的电能计量装置和电网经营企业之间购销电量的电能计量装置，宜配置准确度等级相同的主副两套有功电能表。

（4）35kV 以上贸易结算用电能计量装置中 TV 二次回路，应不装设隔离开关辅助接点，但可装设熔断器；35kV 及以下贸易结算用电计量装置中 TV 二次回路，应不装设隔离开关辅助接点和熔断器。

（5）安装在用户处的贸易结算用电能计量装置，10kV 及以下电压供电的用户，应配置全国统一标准的电能计量柜或电能计量箱；35kV 电压供电的用户，宜配置全国统一标准的电能计量柜或电能计量箱。

（6）贸易结算用高压电能计量装置应装设电压失压计时器。未配置计量柜（箱）的，其互感器二次回路的所有接线端子、试验端子应能实施铅封。

（7）互感器二次回路的连接导线应采用铜质单芯绝缘线。对电流二次回路，连接导线截面积应按 TA 的额定二次负荷计算确定，至少应不小于 4mm²。对电压二次回路，连接导线截面积应按允许的电压降计算确定，至少应不小于 2.5mm²。

（8）互感器实际二次负荷应在 25% ～100% 额定二次负荷范围内；TA 额定二次负荷的功率因数应为 0.8～1.0；TV 额定二次功率因数应与实际二次负荷的功率因数接近。

（9）电流互感器额定一次电流的确定，应保证其在正常运行中的实际负荷电流达到额定值的60%左右，至少应不少于30%。否则应选用高动热稳定TA以减少变比。

（10）为提高负荷计量的准确性，应选用过载4倍及以上的电能表。

（11）经TA接入的电能表，其标定电流宜不超过TA额定二次电流的30%，其额定最大电流应为TA额定二次电流的120%左右。直接接入式电能表的标定电流应按正常运行负荷电流的30%左右进行选择。

（12）执行功率因数调整电费的用户，应安装能计量有功电量、感性和容性无功电量的电能计量装置；按最大需量计收基本电费的用户应装设具有最大需量计量功能的电能表；实行分时电价的用户应装设复费率电能表或多功能电能表。

（13）带有数据通信接口的电能表，其通信规约应符合DL/T 645—1997《多功能电能表通信规约》的要求。

（14）具有正、反向送电的计量点应装设计量正向和反向有功电量以及四象限无功电量的电能表。

7. 电能计量装置规格

有功电能表：单相5（20）A、10（40）A、15（60）A

三相3×1.5（6）A、3×5（20）A、3×10（40）A、3×15（60）A

TA：50/5、75/5、100/5、150/5、200/5、250/5、300/5、400/5、500/5、600/5

8. 电能表种类

传统的有感应系电能表、机电式电能表等，如今主要是电子式多功能电能表，除了常规的计量功能外，至少还可以进行分时计量和最大需量计量。此外，还有特殊用途电能表如多费率电能表（又称分时计费电能表）、最大需量电能表、IC卡预付费电能表等。

十、高低压供电方案制订常用表单

高低压供电方案制订常用表单包括：低压客户新装、增容用电申请书（见表2-19）；高压客户新装增容用电申请书（见表2-20）；客户用电设备登记表（见表2-21）；低压供电方案审批单（见表2-22）；高压供电方案审批单（见表2-23）；供电方案通知书（见表2-24）。

表 2 – 19　　　　　　　　　　　低压客户新装、增容用电申请书

申请编号	
业务类别	

户　　号*		所属行业*	
户　　名*		通信地址*	
用电地址*		邮　　编*	
经 办 人*		身份证号*	
经办人电话*		E-mail	
预计用电时间*			

主要用电类别*	□居民生活	□非居民照明	□商业用电	□非普工业	□其他

原装设备*		动力：　　　　kW	照明：　　　　kW	合计：　　　　kW	同时使用：　　kW
	原装电能表	相　　V　　A	具（附	A 低压 TA	具）
		相　　V　　A	具（附	A 低压 TA	具）
		相　　V　　A	具（附	A 低压 TA	具）

新（增）容量*	动力：　　kW	照明：　　kW	合计：　　kW	同时使用：　　kW

申请用电事由：

特殊用电说明：

　　　　　　　　　　　　　　　　　　　　客户签名（单位盖章）：
　　　　　　　　　　　　　　　　　　　　　　　　　　　　年　　月　　日

供电部门填写	受理人：		查询号	
	受理日期：　　年　　月　　日			

注　带"＊"的栏目为必填内容。

表 2-20 　　　　　　　　　　高压客户新装、增容用电申请书

申请编号	
业务类别	

户　号		所属行业*	
户　名*		通信地址*	
用电地址*		邮　编*	
法人代表*		经办人*	
法人代表电话		经办人电话*	
企业机构代办证号		身份证号*	
预计用电时间*		E-mail	

主要用电类别*	□ 大工业	□ 非普通工业	□ 居民生活	□ 非居民生活	□ 商业	□ 其他
负荷性质	□ 特别重要	□ 一级		□ 二级		□ 三级
是否申请双电源	□ 是　备用容量：　kV·A			□ 否		
是否自备发电机	□ 是			□ 否		
有无非电保安措施	□ 有			□ 无		

受电设备容量（kW作kV·A计）*	设备名称	原　装		拆　装		新（增）装		合　计
	变压器	kV·A	台	kV·A	台	kV·A	台	kV·A
		kV·A	台	kV·A	台	kV·A	台	kV·A
	高压电动机	kW	台	kW	台	kW	台	kW
		kW	台	kW	台	kW	台	kW
	受电设备总容量	kV·A				kV·A		kV·A

用电设备容量*	项　目	设备容量	负荷同时系数	最大负荷	功率因数（cosφ）
	原　装				
	新（增）装				
	合　计				

用电规划	第一期规划时间	规划容量	第二期规划时间	规划容量	第三期规划时间	规划容量	最终规划时间	规划容量

申请用电理由：

特殊用电说明：

客户签名（单位盖章）：

年　月　日

供电部门填写	受理人：	查询号	
	受理日期：　年　月　日		

注　带"*"的栏目为必填内容。

表 2－21 客户用电设备登记表

户　　号			户　　名			
用电地址			经 办 人		经办人电话	

动力用电设备

序号	安装地点	设备名称	设 备 规 格				共计 (kW)	同时使用 (kW)
			相	电压 (V)	每台容量 (kW)	台数 (台)		
1								
2								
3								
4								
5								
6								
合计								

照明用电设备

序号	建筑名称	层数	建筑面积 (m²)	(W/m²)	照明用电 (kW)	空调及其他 用电设备 (kW)	合计容量 (kW)
1							
2							
3							
4							
合计							
动力和照明用电设备容量总计：				kW			

客户签名（单位签章）：

注 其他设备是指电扇、冰箱、热水器、取暖器等家用电器及办公设备用电等。

表 2－22　　　　　　　　　　　低压供电方案审批单

户　号		户　名	
联 系 人		联系电话	
用电地址		用电容量	
主要用电类别		预计用电时间	

客户用电情况简要说明：

客户申请新装：（1）动力负荷：
　　　　　　　（2）照明负荷：

同意供电容量：

一、供电设备容量及负荷

1. 原装动力：　　　　　　kW 新增装　　　　kW 共计：　　　　kW
　　　　　　　　　　　　　　　　　　　　　　最大负荷：　　　　kW

2. 原装照明：　　　　　　kW 增加　　　　　kW 共计：　　　　kW
　　　　　　　　　　　　　　　　　　　　　　最大负荷：　　　　kW

二、计费电能表计算方式

装有（无）功动力表：　　　相　　　V　　A　　具〔附 TA　　具〕
装有（无）功动力表：　　　相　　　V　　A　　具〔附 TA　　具〕
装电光表：　　　相　　V　　A　　具〔附 TA　　具〕
装电光表：　　　相　　V　　A　　具〔附 TA　　具〕
装峰谷表：　　　相　　V　　A　　具〔附 TA　　具〕

三、供电方式

　　　相　　线式　V　　架空（电缆）线路供电

四、实施本方案客户应承担的工程：

供电线路示意图	由　　　　变电站　　　　线路提供　　　　（主供/备用/保安）电源 由　　　　变电站　　　　线路提供　　　　（主供/备用/保安）电源 由　　　　变电站　　　　线路提供　　　　（主供/备用/保安）电源 方案制订人： 　　　　　　　　　　　　年　　月　　日
方案审批意见	年　　月　　日 　　　　　　　　　　　　年　　月　　日 　　　　　　　　　　　　年　　月　　日

表 2 -23　　　　　　　　　　　　高压供电方案审批单

户　　号		户　　名	
联 系 人		联系电话	
用电地址		用电容量	
用电电压		负荷类别	
主要用电类别		预计用电时间	

客户用电情况简要说明：

同意供电容量：

（1）用电设备容量及预计最大负荷：

（2）批准接用变压器台数及数量：

（3）多路电源运行方式：

（4）计费计量方式：

（5）负荷管理方式：

（6）用电设备功率因数应达到＿＿＿＿＿＿＿＿＿＿以上；

（7）供电方式：

1）供电线路电压及接地方式：　　　　　kV　　　接地系统

2）供电回路

3）线路敷设方式

（8）实施本方案客户应承担的工程：

供电线路示意图	由　　　　变电站　　　线路提供　　　（主供/备用/保安）电源 由　　　　变电站　　　线路提供　　　（主供/备用/保安）电源 由　　　　变电站　　　线路提供　　　（主供/备用/保安）电源 　　　　　　　　　　　　　　　　　　方案制订人： 　　　　　　　　　　　　　　　年　　　月　　　日
方案审批意见	年　　　月　　　日
	年　　　月　　　日
	年　　　月　　　日
	年　　　月　　　日

表 2 - 24　　　　　　　　　　供电方案通知书

户　　名	用电地址	用电容量
供电电压	主要用电类别	负荷性质

根据你单位的用电申请，确定供电方案如下：

你单位应承担的工程内容：

应交业务费用　　　费：共计　　　　元

贵户用电申请资料经审查后同意供电，请在收到该通知后，尽快办理下列有关事宜：

(1) 请在工程投运前按上述项目交清费用。

(2) 自通知之日起，供电方案有效期____个月。如在此期限内不向属地供电部门交纳有关费用和办理有关用电手续，方案自行作废。如有特殊情况，需延长供电方案有效期的，应在有效期到期前 10 天向供电企业提出延期申请，但延长时间不得超过前款规定时间。

(3) 你单位若对该方案有不同意见，应在签收该供电方案之日起一个月内向供电部门提出书面意见。否则，我单位视为你单位同意并立即执行该方案。

(4) 贵户收到该供电方案通知书后，应委托具有相应资质的单位对内、外部配电工程进行设计、施工。设计、施工单位资质证书应报供电部门审核同意。

(5) 设计资料、图纸一式两份，报供电部门审核同意后方可据以施工。

(6) 工程施工中间或进行隐蔽工程施工之前，需告知供电部门以便进行中间检查，否则供电部门有权对竣工的隐蔽工程提出返工。

(7) 工程竣工后，客户应向供电部门提供竣工报告，其内容包括设备安装规定，主要设备规范和试验记录，隐蔽工程记录等。

(8) 客户应向供电部门提出竣工检验申请。工程检验不合格的，客户在缺陷整改完毕后应提出工程复验申请。工程经检验合格，并完善相应手续后方可投运。

(9) 工程投运前，你单位应与供电部门签订《供用电合同》。

(10) 本通知一式两份，供电人和用电人双方各执一份。

　　　　　　　　　　　　　　　　　　　　　　　　　　　　　　　　　业务人员：

客户签名（单位盖章）：　　　　　　　　　　　　　供电部门（盖章）：

　　　　　　　　　　　　　　　　　　　　　　　　　负责人：

　　　　年　　月　　日　　　　　　　　　　　　　　　年　　月　　日

⯐ 第四部分　典型任务及实施

一、典型任务

某客户向供电企业申请新装、增容用电，要求：① 根据给定的条件填写客户高压（低压）新装增容用电申请书；② 根据给定的条件正确计算负荷、变压器容量；③ 审查业务资料是否齐全、存在问题及进行业务登记核查用电申请是否属实、资料目录是否齐备；④ 核查用电现状如何、目前供电条件是否具备及用电容量是否属实；⑤ 正确拟定供用电方案。

二、学习任务

（1）根据具体案例，规范填写业扩业务受理工单，收集、审查相关资料，完成供用电方案拟订工作。

（2）由指导教师给出客户用电基本信息。

1）学生正确审查客户填写的客户高压（低压）新装增容用电申请书，带"＊"的栏目要求必须填写；审查客户填写的客户动力用电设备登记表内容，是否与申请书中填写内容一致；审查客户填写的客户照明用电设备登记表内容，是否与申请书中填写内容一致；

2）学生正确核查用电申请是否属实、资料目录是否齐备；核查用电现状如何、目前供电条件是否具备及用电容量是否属实；

3）学生正确根据客户用电申请负荷，确定计算负荷、变压器容量；根据供电可靠性要求，进行单、双电源选择，确定供电线路的导线类型及架设方式、系统接地方式；从供电的安全、经济角度及供电电压与输送容量、输送距离的关系来选择合适的供电电压；根据客户用电性质确定计费电价；电能计量方式确定（包括：计量点设置、计量方式、电能计量装置选择、无功补偿方式及容量、功率因数考核标准）；

4）学生正确填写基础资料（包括：户名、联系人、联系电话、用电地址、用电容量、用电电压、主要用电类别、预计用电时间）；客户用电情况简要说明（包括：用电原因、供电质量、可靠性要求等情况）；供电方案填写（包括：同意供电容量、用电设备容量及预计最大负荷、批准接用变压器台数、多路电源运行方式、计费计量方式、功率因数、供电方式、实施本方案客户应承担的工程）；按确定的供电方案绘制供电线路示意图（包括：电源点、搭接点、计量点、线路架设方式等要点）；

5）学生正确填写基础信息（包括：户名、户号、用电地址、用电容量、供电电压、负荷等级填写正确）；供电方式填写（包含供电电源点、搭接点、线路架设方式和导线类型、计量方式等要点及非线性负荷治理，要求文字表述清楚、正确）；供电方案有效期、业务费用、签字及日期的填写。

三、组织实施

学生每 2~3 人为一个小组，每个班可根据人数分成若干小组。要求每个小组根据任务拟定抄表流程计划，然后以小组为单位组织实施计划流程，正确填写表单，交指导教师审查并给出指导。

1. 填写客户高压（低压）新装增容用电申请书、客户动力用电设备登记表、客户照明用电设备登记表

（1）审查客户填写的客户高压（低压）新装增容用电申请书，带"＊"的栏目要求必须填写；

（2）审查客户填写的客户动力用电设备登记表内容是否与申请书中填写内容一致；

（3）审查客户填写的客户照明用电设备登记表内容是否与申请书中填写内容一致。

2. 供电条件勘查

（1）核查用电申请、资料目录；

（2）核查用电现状及用电容量。

3. 制订供电方案

（1）根据客户用电申请负荷，确定计算负荷、变压器容量；

（2）根据供电可靠性要求，进行单、双电源选择，确定供电线路的导线类型及架设方式、系统接地方式；

（3）从供电的安全、经济角度及供电电压与输送容量、输送距离的关系来选择合适的供电电压；

（4）根据客户用电性质确定计费电价；

（5）电能计量方式确定（包括：计量点设置、计量方式、电能计量装置选择、无功补偿方式及容量、功率因数考核标准）。

4. 填写高压（低压）供电方案审批单

（1）基础资料填写；

（2）客户用电情况简要说明；

（3）供电方案填写；

（4）按确定的供电方案绘制供电线路示意图。

5. 填写供电方案通知书

（1）基础信息填写；

（2）供电方式填写；

（3）供电方案有效期、业务费用、签字及日期的填写。

学习情境 ③ 供用电合同

▓ 第一部分 学习任务

一、任务描述

某客户向供电企业申请新装或增容用电且工程已竣工验收合格或某客户向供电企业申请变更用电需变更供用电合同，客户向供电企业提供了有关资料。根据所提供的客户资料，填写有关合同条款，形成一份完整的供用电合同。

二、学习目标

（1）根据具体案例，了解客户资料存在的问题以及签订合同的适用范围；

（2）根据所提供的客户资料，填写有关合同条款，形成一份完整的供用电合同。

▓ 第二部分 基础知识

供用电合同是我国经济合同法明文规定的重要合同之一。《合同法》规定"供用电合同是供电人向用电人供电，用电人支付电费的合同。"根据《合同法》和《电力供应与使用条例》等的规定，为了确定供用电双方的权利和义务，规范供用电行为，依法维护供用电双方的合法权益，供电企业与用电客户应当签订供用电合同。

（一）供用电合同的主要特征

（1）供用电合同是根据客户的用电需要和电网的供电能力订立的；

（2）供用电合同的供电一方当事人是法定的供电企业；

（3）供用电合同的标的物是电能，它区别于其他经济合同的标的物；

（4）供用电合同是一种连续的经济合同；

（5）供用电合同是有免除责任的经济合同；

（6）供用电合同违约责任形式是法定限额赔偿责任，是按实际损失的电量和相应的电价进行赔偿的经济合同，而不是按实际损失进行赔偿的经济合同；

（7）供用电合同是规定有特殊义务的经济合同，如电能质量上的连带关系在其他经济合同中是不多见的。

（二）用电合同的主要分类

根据不同的供电方式和用电需求，供用电合同分为：高压供用电合同、低压供用电合同、临时用电供用电合同、委托转供电协议、趸售电合同、居民供用电合同等6种。

上述6种供用电合同，均可以采取标准格式，目前国家电力监管委员会正在指定供用电合同的参考文本。

（三）签订供用电合同的基本原则

（1）贯彻合法原则。签订供用电合同是一种合法的法律行为，只有当它的内容符合国家的法律、行政法规规定时，才能受到法律的保护。

（2）贯彻平等互利原则。供用电合同当事人双方或多方平等地享有供用电权利和平等地承担供用电义务。

（3）贯彻协商一致原则。供用电合同当事人在签订合同时，应在自愿协商的基础上达到意思表达真实一致，不得进行胁迫或欺诈，任何一方不得把自己的意志强加给对方。

（4）贯彻有偿原则。供用电合同是供用合同当事人双方平等互利的经济交往，必须是等价有偿的。例如在合同中规定：供电方有按时、按质、按量供应电力的义务，同时享有取得所供电力相应价款的权利；用电方有支付所用电力价款的义务，同时享有按时、按量使用电力的权利。

（5）贯彻从实际出发的原则。必须根据用电方的用电需要和电网可供能力签订供用电合同。

（四）签订供用电合同的业务文件证据

根据《电力供应与使用条例》的规定，供用电双方应当在装表接电前完成供用电合同的签订工作，用电方在办理用电申请时已认可或与供电方协商一致形成的业务文件，是签订合同的基础，具体包括：客户的用电申请报告或用电申请书、新建项目立项前双方签订的供电意向性协议、供电企业出具的供电方案通知书、客户受电装置安装竣工报告、客户计量装置安装竣工报告、客户电工取得电力管理部门颁发的电工进网作业许可证、客户用电设施运行维护管理协议、与大电力客户和重要电力客户签订的电费结算协议、并网协议和调度协议等、客户营业执照复印件、法定代表人（负责人）身份证明材料原件、委托代理人的授权委托书原件（居民客户除外）、双方约定的其他有关文件。

（五）供用电合同的内容

根据《合同法》和《电力供应与使用条例》等的规定，供用电合同应包括以下主要条款：

（1）供电方式、供电质量和供电时间；

（2）用电容量、用电地址和用电性质；

（3）计量方式、电价及电费结算方式；

（4）供用电设施维护责任的划分；

（5）合同的有效期限；

（6）违约责任；

（7）双方共同认为应当约定的其他条款。

供电企业应当按照合同约定的数量、质量、时间、方式、合理调度和安全供电。用户应当按照合同约定的数量、条件用电，交付电费和国家规定的其他费用。

（六）供电设施运行维护管理范围的划分

1996年10月8日电力工业部颁发的《供电营业规则》，对供用电双方的责任分界点有明确确定。供电设施的运行维护管理范围，按照双方约定的分界点来确定，没有约定的按产权归属确定。

（七）供用电合同的履行

签订供用电合同的目的是为了履行合同，通过当事人履行合同，达到用电人从供电人处获取电能以满足生产或消费需求的目的，供电人从用电人处收取电费，实现其劳动价值。

第三部分 学习引导

- **学习方式**
  课堂传授、资料角、图书馆、教学资料、SG186 系统、咨询老师。
- **学习引导**
  供用电合同。

一、供用电合同的定义、特征

（一）供用电合同的定义

市场经济即合同经济，就供电企业而言，供用电合同是最基本和最重要的外部法律关系，也是开展用电检查工作最基本的法律依据之一。《合同法》第一百七十六条对供用电合同的定义做了一个非常简单的概括："供用电合同是供电人向用电人供电，用电人支付电费的合同。"将供用电合同单独作为合同的一个类别，与我国社会主义市场经济的逐步建立和完善及电力商品的特殊性是密不可分的。经广大执行者及司法人员充分论证，目前对供用电合同的一个较为完整解释应该是：供用电合同是平等主体的供电方与用电方之间就设立、变更、终止供用电的权利义务关系而达成的民事协议或是签订的法律文书，是供用电双方共同遵守的法律依据。

（二）供用电合同的特征

供用电合同中的供电人具有特定性。供电人只能是在国家批准的供电营业区域内向客户提供电力的企业。在我国，电力的供应是由国家规定的特定供电部门统一提供的，其他部门不负有专项的供电义务，无权与客户签订供用电合同。

在合同标的物方面，供用电合同的标的物是电能，它无色、无味，且产、供、销同时完成。

供用电合同是持续供给的合同。所谓持续供给是指双方约定，供应方连续地向买方供应一定的物品，买方按照约定按时支付相应价款的买卖。供用电合同是典型的合同双方都需连续多次履行约定的合同，因此属于连续供货的合同。

供用电合同中的电费具有强制性和确定性。供用电合同中的电费只能由国家规定的主管部门统一规定的电费标准确定，而不能由供电人与用电人协商确定。

供用电合同一般为格式合同或示范合同。所谓格式合同，也有称符合合同或标准合同，是指当事人一方预先拟定合同条款，其中规定的权利和义务等内容普遍适用于与其交易的对象。示范合同则是提供一个参考文本，在实际签订合同过程中，双方针对不同具体情况，只要对合同文本进行适当的更改或选择性填写即可形成合同文本。

供用电合同具有较强的计划性。电力是一种极为重要的能源，是进行经济建设、满足人们生活需要的主要能源。由于现阶段我国能源供应并不充足，需要国家统筹兼顾、统一安排，以计划方式分配电力，这就是典型的计划用电。

供用电合同不完全适用于按当事人意思自治原则。如供电人对本供电营业区内的客户有按照国家规定的供电义务，用电人按照有关规定和约定安全、合理地使用电能的义务，否则要承担相应的法律责任。

二、签订供用电合同的意义

我国《经济合同法》的颁布实施，对合同以法律的形式作出了明确的规定。合同当事人的合法权益受法律保护。供用电合同的当事人，供电企业和电力客户（委托转供电时，包括委托转供电客户）订立供用电合同，是供用电双方就各自的权利义务协商一致所形成的法律文书。供用电合同一经订立生效，双方均受到合同的约束。订立供用电合同是我国社会主义市场经济发展的需要，是适应我国法制化治国的需要，也是我国加入 WTO 后，与国际惯例相适应的需要。供用电合同的订立，有利于维护正常的供用电秩序，促进社会经济的发展。供电企业应建立和完善供用电合同制度，搞好合同的规范化、制度化管理，促进供用电合同订立质量和管理水平的提高。

随着科学技术的发展，预付费功能电表已开始应用于电能计量，从而引起了一个法律问题，即根据《电力供应与使用条例》第三十九条的规定，逾期未交付电费的，自逾期之日起计算超过三十日，经催交仍未交付电费的，供电企业可以按照国家规定的程序停止供电，但用户使用预付费功能电表时，客户预购电量用完后将自动停止供电，在客观上造成了违反法定条件和程序中止供电的事实，从而有可能引起法律纠纷。要避免产生此类纠纷，在现有法律没有作出修改之前，在供用电合同的订立上寻求解决办法是十分必要的。

三、供用电合同的种类及使用范围

供用电合同应采用书面形式。国家鼓励并推广使用经批准的标准格式合同。按照供电企业签订供用电合同所形成的惯例，供用电合同分为：

（一）高压供用电合同

适用于供电电压为 10kV（含 6kV）及以上的用电人。高压供用电合同的用电人是供电企业的重要客户。供电企业的大型电力客户、双（多）电源供电的客户及有自备电源的电力客户均包含其中。

（二）低压供用电合同

适用于供电电压为 220/380V 的低压电力客户。低压供用电合同的用电人是供电企业的一般客户，其用电负荷和用电量要明显小于高压供电的重要客户，但数量比高压供电重要客户多。

（三）临时供用电合同

适用于电力规章《供电营业规则》第十二条规定的短时、非永久性用电的客户。如基建工地、农田水利、市政建设、抢险救灾待等临时性用电。

（四）趸售电合同（或称为趸购电合同）

适用于供电人与趸购转售电人之间就趸购转售事宜签订的供用电合同。

（五）委托转供电协议

适用于供电企业及其委托的转供电单位向被转供电方供电的相关活动。转供用电人与其他用电人一样，享有同等的权利和义务。

（六）居民供用电合同范本

适用于城镇、农村居民生活用电的用电人。

（七）居民供用电协议，也称为居民背书合同

适用于具有城乡单一居民生活用电性质的用电人。由于居民生活用电供电及计量方式简单，执行的电价单一，加之该类用电人数量众多，其供用电合同均采用背书方式，即将居民用电须知印于居民用电申请书背面。用电人申请用电时，供电人应提请申请人阅读（对不能阅读须知的申请人，供电人应协助其阅读）后，由申请人签字（签章），合同成立。

用电人利用其居住地从事商业经营的，其商业性质用电应另行签订低压供用电合同。其商业用电原则上应分表计量，不能分表计量的，实行比例分摊，分摊的比例应由供用双方签订有关协议，并定期核查。

四、供用电合同的内容

供用电合同签订的内容，《合同法》第一百七十七条、《电力供应与使用条例》第三十三条均进行了规定，《电力供应与使用条例》对《合同法》规定供用电合同应签订的内容进行了分类和细化，增加了合同的有效期、违约责任、双方共同认定应当约定的其他条款等内容。供用电合同应签订的内容依据《电力供应与使用条例》第三十三条应具备以下条款：

（1）供电方式、供电质量和供电时间；

（2）用电容量、用电地址及用电性质；

（3）计量方式、电价和电费结算方式；

（4）供用电设施维护责任的划分；

（5）合同的有效期；

（6）违约责任；

（7）双方共同认定应当约定的其他条款。

下面对上述条款分别进行叙述：

（1）供电方式。供电方式是供电人向用电人供应电能的途径和方法。包括供电电压等级、供电电源频率、供电电源的具体供出点。具体供电点应详细注明供电变电站名称、供电断路器编号、供电线路名称、下线杆杆塔的编号。线路既应注明是架空线还是电缆线，还应注明双方商定的供电容量。双（多）电源供电的，应按线路逐一叙述，同时应明确主供电源、备用电源。

双方商定用保安电源的，应明确作为保安电源的线路名称、电压等级，是公用线路还是专用线路，保安容量及最小保安电力等。

用电人拥有自备电源的，应写明自备电源的容量、安装地点、接入用电人内部配电网的具体电气点、防止倒送电的安全措施等，用电人拥有自备电厂的，应写明机组的数量、容量，接入电网的方式、地点等，并按规定签订并网调度协议、并网经济协议。网调度协议和并网经济协议是供用电合同的重要附件。

委托转供电的，应明确作为转供电电源的变电站、线路名称及断路器编号、电压等

级、转供电容量、被转供电人、委托转供电费用等内容。

用电人供受电设施的一次接线图、产权分界示意图是供电方式的图形叙述形式。

（2）供电质量。供电质量条款的签订包括两个方面：一方面在电力系统正常情况下，供电人应按《供电营业规则》对供电质量规定的标准向用电人供电，另一方面用电人的用电对供电人的电网造成的污染不得超过国家和电力行业标准，因超标对供电人或第三人造成损失的，用电人应承担赔偿责任。

供电质量条款对供电人的要求如频率偏差、电压偏差、电压正弦波畸变率、电压闪变、供电可靠性等指标要符合《供电营业规则》规定的供电质量标准。

供电质量条款对供电人的要求为功率因数、注入电网的谐波电流、冲击负荷、波动负荷、非对称负荷等对电网产生的干扰和影响应符合国家和电力行业标准。

（3）供电时间。供电时间从合同生效之日起，到用电人申请销户（或被供电人依法强制销户）止。在电网正常情况下供电人应连续向用电人供电。供电人实施电网检修（计划检修、事故检修）、计划停（限）电、依法停电（欠电费、违约用电、窃电等）时应按有关规定通知用电人，双方应就因故中断供电约定联系方式，并保证双方联系渠道的畅通。

（4）用电容量。用电容量用于核定用电人的用电能力。用电容量是受指电变压器容量及不经过受电变压器直接接入电网用电的电器设备容量的总和。对用电性质属于工业用电的，其用电容量是核定用电人执行单一制普通工业电价还是执行两部制大工业电价的重要依据。用电人是否执行功率因数调整、功率因数调整考核标准是多少，是否执行丰枯、峰谷电价，用电容量的大小也是其核定的重要依据之一。

（5）用电地址。用电地址是用电人的用电地点。在签订合同时，应要求用电人提供其用电地址的平面图，作为合同的附件，这一方式是在出现非法转供电时，裁定用电人是否属非法转供电的重要依据。

（6）用电性质。用电性质分为三个方面的内容：行业分类、用电分类、负荷性质。

行业分类就是将用电人的用电按《国民经济行业分类和代码》的规定进行分类，以便对全社会的用电行业分类统计和分析。

我国执行的是分类电价，现行电价分为大工业、非工业和普通工业、农业生产、贫困县农业排灌、商业、居民生活、非居民照明、趸售等不同电价。要按电价分类的原则，对用电人的用电对号入座，按分类的不同执行对应的电价。

负荷性质用于写明重要负荷或一般负荷。重要负荷应相应采取保安措施。

（7）计量方式。明确用于用电方贸易结算用电计量装置的组成、准确度等级及安装位置。计量装置包括计费电能表（有功、无功电能表及最大需量表）、TV、TA 及二次连接导线。计量装置的准确度等级应符合计量规程的要求。用电计量装置原则上应装在供电设施的产权分界处。若产权分界处不宜装表的，则按《供电营业规则》第七十四条规定办理。

对双（多）电源供电的大工业用电人，按最大需量计收基本电费的，其最大需量表应按供电线路分别安装。

无功电能表应有止逆器或安装多功能四象限电子电能表。

（8）电价及电费结算方式。供电企业按国家批准的电价和经法定计量机构检测合格的贸易计量装置记录的电量，向用电人定期结算电费及国家规定的随电费征收的有关费用。明确是执行单一制电价，还是执行两部制电价；是否执行丰枯、峰谷浮动电价。执行两部制电价的，应明确是按变压器容量，还是按最大需量计收基本电费，以及基本电费的其他必要条款。对按规定应执行功率因数调整的用电人，应明确执行标准。

供用电双方应在合同中明确电费结算方式和违约责任。

由于用电人是先用电后付款（鼓励用电人预付电费用电），为确保电费债权按时实现，防范电费风险，合同应明确用电人在对贸易结算装置计量的电能（电量、电力）、电费有异议时，应先按供电人计算的电费金额足额交清电费，对有异议的问题由双方协商解决。协商不成时，可提请电力管理部门调解。调解不成时，可提起诉讼解决。

合同中应明确国家调整电价时，从规定调价之日起自动按新电价计算电费，供电人由于技术或其他原因一时不能执行的，对应按新电价而未按新电价执行的差额电费，应予以追补（追退）。

电费计算、电费结算方式较为复杂的，供用电双方可单独签订电费计算、电费结算协议，作为供用电合同的附件。

（9）供用电设施的维护责任。供用电设施应按产权归属原则，产权属谁所有就由谁负责维护。对产权属用电人的，用电人提请供电人代为运行维护管理的，双方应就代为运行维护管理的有关事项签订协议。代为运行维护管理实行有偿的原则。

合同应明确运行维护责任的分界点，在文字说明不直观时，可附以图形进行说明。

为保障正常的供用电秩序，合同应规定用电人受电总断路器的继电保护装置应由供电人整定、加封，用电人不得擅自更动。

合同应明确用电人有义务协助供电人保护并监护安装在用电人受电装置内的电能计量装置、电力负荷管理装置等的正常运行，如出现使用异常应及时通知供电人。

（10）合同有效期。供用电合同的有效期，一般定为1~3年。由于电力供应与使用的同时性、连续性、电与社会生活的密不可分性，用电人除非破产、搬迁、连续不用电超过《供电营业规则》规定的期限被销户外，用电人不应停止用电。合同的有效期理论上应为供用电合同生效之日起，从用电人开始用电之日起至用电人申请销户（或被供电人依法强制销户）并停电止，合同应均有效。之所以将合同一般定为1~3年，一方面便于供电人加强对供用电合同的管理；另一方面有利于根据供用电环境的变化修签、修订供用电合同。供用电双方在合同中应约定，合同到期后，若双方均未书面提出变更、解除合同，则合同继续有效。一方提出变更合同内容，在变更合同内容未协商一致前，合同继续有效。双方均不得为获得不当利益，故意拖延合同变更内容的协商时间。

（11）违约责任。依据合同法的规定，合同当事人不正当行使合同约定的权利，不履行合同约定的义务，均应承担违约责任。供用电双方是供用电合同的当事人，违反合同约定的，应承担违约责任。违约责任条款应按《供电营业规则》第九十二条~第一百条的有关规定签订。

《供电营业规则》将违约责任分为：电力运行事故责任、电压质量责任、频率质量责任、用电人逾期交付电费责任、用电人违约用电责任。

《供电营业规则》将窃电单列一个章节进行叙述。用电人盗窃供电人的电能是一种违法行为，一经查实，供电人依法追收用电人所盗窃电能的应付电费，同时盗窃电能的用电人还需承担一定数额的违约使用电费。盗窃电能数量较大及情节严重的，供电人应提请司法机关依法追究刑事责任。

（12）供用电双方共同认定需要约定的其他条款。如用电人应配合供电人的用电检查人员执行用电检查任务；用电人应配合供电人安装电力负荷管理装置；用电人在其受电装置上作业的电工应持有电力管理部门颁发的《电工进网作业许可证》等双方认定需要明确的事项或条款。

五、供用电合同的签订、履行及变更、终止

（一）供用电合同的签订

（1）申请用电。签订合同的过程是一个要约、承诺的过程。申请用电是供用电合同签订过程的开始。申请用电者可以是自然人、法人及其他组织。

按《供电营业规则》第十六条的规定，申请用电应到供电企业用电营业场所办理相关手续。随着技术的进步，申请用电的方式已超前于《供电营业规则》的规定，如电话申请，网上申请等。

申请用电时，申请人应提出书面用电申请，按供电企业的有关规定提供相应的文件、资料。电话或网上申请用电的，申请人应补办书面用电申请。

自然人申请用电应提供有效证件证明身份，必要时供电企业受理用电申请的机构应与发证机关核实证件的真伪、申请用电能力。不具备完全民事能力的自然人申请用电，供电企业应予拒绝。自然人包括中国境内的外国人。

法人、其他组织申请用电，供电企业应要求申请人提供其法人、其他组织身份的证书或批准文件，并向发证机关或批准单位核实证书或文件的真伪。法人一般为工商注册登记、税务登记证书等，其他组织一般为政府民政部门或其上级主管部门批准文件。

申请人建有用电工程的，其用电工程应符合国家产业政策，并向供电企业提供用电工程项目的批准文件。提供包括用电地址、电力用途、用电性质、主要用电设备、用电负荷、保安电力、地理位置图、用电区域平面图等用电资料。

经审查符合规定要求的，供电企业应受理申请人的用电申请。供电企业拒绝申请人的用电申请须有法律、法规或政策依据，无法律、法规或政策依据，供电企业不得拒绝申请人的用电申请。因电网供电条件不能满足申请人的用电需要而暂缓受理的，供电企业应向申请人说明原因，并取得申请人的谅解。

申请人申请用电既有新装用电，也有在原用电基础上增加用电。增加用电时，供电企业对申请人合法身份的审核可以从简。

按《供电营业规则》由用电营业机构统一归口办理用电申请和报装接电工作的规定，在接受申请人的用电申请后，相应的工作应由供电企业内部统一协调解决，即常说的"内转外不转"。很多供电企业在实践中摸索出的用电报装工作"首问负责制"和"工作时限

督办制"均有利于提高办事效率，缩短用电报装周期，提高用电报装工作的服务质量和服务水平。

用电申请是用电人向供电人明确表达用电的意图，即用电人向供电人要约，是供用电合同签订的第一步。

（2）确定供电方案。根据《电力法》和《电力供应与使用条例》的规定，供电人在其依法核定的供电营业区内享有供电专营权。对其营业区内申请用电者，有依法供电的义务，用电申请人享有依法用电的权利。除用电申请人的用电项目不符合国家有关政策规定、电网供电能力不能满足等原因外，供电人不得拒绝用电人的用电申请。

供电人受理用电人的用电申请后，用电报装部门应在规定工作日内，根据用电人要求，到用电人现场调查核实，尽快提出供电方案的建议意见，经有关职能部门审核会签通过后，按程序批准。

用电报装部门应将供电人确定的供电方案通知用电人。供电方案应明确用电人的用电电压等级、受电变压器容量、用电类别、无功补偿装置、功率因数考核标准、计量方式及计量装置的精度等级、产权分界及负荷管理方式等内容。供电方案是供电人对用电人用电需求要约的相应承诺。

用电人对供电人确定的供电方案提出自己更进一步的要求。供电方案经供用电双方协商确认后，作为签订供用电协议和供用电合同的主要依据。

（3）设计、施工、主设备采购。本着"公平、公开、公正"的原则，用电报装部门在对设计单位、施工单位的资质审查时应一视同仁，无论是供电人所属的设计、施工单位还是其他设计、施工单位都应严格按规定进行审查。用电人不得将受电工程委托给不符合规定的设计、施工单位设计、施工，否则供电人依据国家有关规定有权拒绝供电。用电人无论委托供电人采购主设备还是自购主设备，所购的主设备都应符合国家标准和电力行业标准。国家实行生产许可证管理的产品应取得相应的产品许可证，用电报装部门应对用电人的主设备进行符合标准及许可证的审查，不符合规定的应拒绝其接入电网使用。

用电报装协议应明确设计单位的设计、施工单位的资质及应提供资质证明。主设备应符合国家标准或电力行业标准，应试验的主要项目及采用标准。

（4）中间检查、竣工验收。用电人的受电工程有隐蔽工程的，供电人应对隐蔽工程进行中间检查，经检查符合要求后继续施工，否则应对隐蔽不合格部分返工，直至符合有关规定要求、送电条件，待供用电双方正式签署供用电合同后送电。

（5）供用电合同的正式签署。供用电合同正式签署时，用电报装部门应核查有关附件资料是否齐备，主要应有：

1）用电申请人的书面用电申请及用电申请人的身份证明材料；

2）经双方协商确认的供电方案；

3）供电方案协议（设计、施工单位的资质证明）；

4）用电人受电工程竣工验收（中间检查）报告；

5）电能计量装置安装完工报告；

6）供电设施运行维护管理协议；

7）电费结算协议；

8）电力调度协议；

9）并网调度协议；

10）双方事先约定的其他文件资料。

用电人是法人或其他组织，与供电人签署供用电合同时，合同签署人不是法人的法定代表人或不是组织的行政负责人的，合同签署人应取得法定代表人或其他组织的行政负责人的授权书，授权合同签署人代表法人、其他组织与供电人签署合同。同样，签署合同的供电人不是法定代表人或行政负责人的，应取得法定代表人或行政负责人的授权，否则签署的合同为无效合同。

双方在正式签署供用电合同前，应再一次对合同条款逐一确认，重要合同应请法律顾问参与审核。合同签署生效后，供电人应及时将用电申请人的受电工程接入电网，供电人与用电申请人正式建立供用电关系。供用电合同对双方依法产生约束力。

（二）供用电合同的履行

签订供用电合同的目的是为了履行合同，通过当事人履行合同，达到用电人以用电方式满足生产或消费需求的目的，供电人收取电费，通过对用电人供电实现劳动价值。供用电合同实践表明，当事人违反合同条款应承担违约责任，当事人对合同条款产生争议，在合同履行过程中，都是难以避免的。

（三）违约责任

供用电合同当事人的违约责任主要有用电人违反合同条款延期支付电费，用电人违反合同条款违约用电，用电人违反合同条款和国家规定盗窃供电人的电能；供电人的电能质量不符国家规定或合同约定，供电人在行使权利时违反国家规定或合同约定条款。

（1）用电人延期支付电费。用电人未能按合同约定的时间按期缴纳电费，用电人应按规定承担违约责任，用电人按规定向供电人支付一定数量的电费违约金来承担延期支付电费的责任。电费违约金的数额由应付电费金额，最迟应付日期与实际付款日期的间隔天数，是否跨年等因素确定。

（2）用电人违约用电。为维护正常的供用电秩序，保障电网安全稳定运行，国家和电力行业制定相关的政策、规定、规章、标准。用电人违反合同约定用电，按规定应承担相应的违约责任。违约用电的违约责任通过用电人向供电人支付因违约用电导致的应付电费与实际支付电费的差额及违约使用电费来实现。应付电费与实际支付电费的差额是供电人追收用电人应兑现的债权。违约使用电费是用电人违约用电应承担的违约责任。

按《供电营业规则》第一百条规定，违约用电主要有如下内容：

1）在低电价的供电线路上擅自接用高电价的用电设备或私自改变用电类别；

2）私自超过合同约定的容量用电；

3）擅自使用已办理暂停手续的电力设备或启用供用人封存的电力设备；

4）私自迁移、改动和擅自操作属供电人管理的用电计量装置、电力负荷管理装置、供电设施及约定由供电人调度的电力设备（产权属用电人）；

5）未经供电人许可，擅自引入（供出）电源或将备用电源和其他电源私自并网；

6）用电人的非线性电力设备、冲击负荷、非对称负荷对电网产生污染超过国家规定标准；

7）由于用电人的责任造成供电人对外停电等（供电人自身过失造成停电范围扩大，扩大部分由供电人承担相应责任）。

（3）供电人违约供电。供用电双方在合同中订有电力运行事故责任条款，供电人发生电力运行事故，影响用电人用电，供电人应按合同条款和有关规定承担违约责任。

1）供电人自身过失造成对用电人停电（非供电人自身过失、供电人只有协助的责任，不承担赔偿责任）；

2）供电人对用电人的供电电压超出规定的变动幅度（用电人自身的原因或供用电双方之外的第三方的原因，供电人不承担赔偿）；

3）供电人对用电人的供电频率超出允许偏差；

4）供电人因自身过失引起用电人家用电器损坏（用电人仅限于与供电人直接签订供电用合同的城乡居民，未与供电人直接签订供用电合同的城乡居民不在此列）。

（四）合同争议

在供用电实践中，供用电双方最常见的争议有：计量争议、价格争议、违约用电争议等。计量是供用电双方计算电费的重要依据，计量的准确与否与供用电双方的利益紧密相关。计量装置的接线错误、运行故障、误差超标等，都会造成计量争议。

对计量争议的处理，《供电营业规则》第七十九条、第八十条、第八十一条作了明确的规定：用电人对供电人的上级计量机构的检定结果仍有异议，可向当地政府（县级及以上）技术监督部门申请复检。政府技术监督部门指定的合法计量检测机构，在争议双方共同参与下的检定结果，作为处理计量争议的最终依据。

在争议期间用电人应按《供电营业规则》的有关条款先期缴纳电费，待检定结果确定后，电费按最终检定结果计算的电费进行退补。用电人不得借计量争议，拒交电费。

价格与计量一样是供用电双方在计算电费时的重要依据。我国现行电价执行的是国家定价和用电分类电价原则。对于每一类用电如何分类的办法，还是沿用原水利电力部1976年颁发的《电热价格说明》的电价说明部分。30多年来，用电形势已发生了很大变化，并增加了新的用电分类，国家价格主管部门一直未能出台新的电价说明，特别是新的电价标准或新的电价分类出台以后，供用电双方在价格上的争议也很多。价格争议的处理原则，先按供电人对价格的理解计算、结算电费。供用电双方或供电人向政府物价主管部门请示对所遇问题的解释，以正式文件或函件的方式回复，作为供用电双方价格争议的计算、结算依据。供电人已执行的电价标准与回复有偏差的，按回复的电价标准计算的电费进行退补。

除计量、价格争议外，用电人违约用电，供电人按有关规定补收电费和违约使用电费，用电人对供电人在补收电费和违约使用电费的金额、违约事实的认定上也会存在争议。

用电人对供电人在违约事实的认定、补收电费及违约使用电费金额的计算上存在争议，可向供电人的上级业务主管部门申请再认定。用电人对供电人的上级业务主管部门的认定仍有异议的，可向当地政府（县级及以上）电力主管部门申请仲裁。政府电力主管部门的仲裁结论应作为供用电双方解决违约用电有关问题的依据。

用电人除按政府电力主管部门仲裁结论向供电人交付补收的电费及违约使用的电费外，原则上还应承担补收电费滞纳的经济责任。补收电费滞纳的经济责任应不少于金融机构的同期贷款利息，不高于相同金额的电费滞纳所应支付的电费违约金。

供用电合同虽然基本条款是一致的，但不同用电人与供电人签订的合同的具体条款不尽相同，具体执行环境也不尽一致，引起合同争议的内容、形式也五花八门，这里不一一叙述。

（五）合同变更

原供用电合同的条款不适应形势的变化，或原合同已到期等都会引起合同的变更。由于供用电关系的长期性，供用电合同的变更有两种形式：一种是个别条款变更，供用电双方在确认原合同主要内容继续有效的基础上，就需要变更的条款签订补充协议，与原合同的有效条款一并生效执行；另一种是合同的多项条款需要变更，原合同已难以执行，需新签合同。

常见补充协议主要内容有：由于客观条件限制，供电人对用电人不能按用电分类实行分表计量，不同用电分类的用电量以抄见的总表为基础，双方核定分摊比例（俗称光力比）。不同分类用电的计费电量按抄见的总表电量和核定的比例计算确定。供用电双方一般约定每年对不同用电分类的分摊比例核定一次。经双方核定需改变原分摊比例时，应签订补充协议。补充协议确定的分摊比例代替原执行的分摊比例时，需重新签订合同，双方应就变更的内容进行商谈，协商一致后，重新签订供用电合同或以供用电合同变更确认书的形式确认变更内容。

（六）合同的终止

供用电合同是一个长期合同，只有在下列情况下，供用电合同终止，解除供用电关系：用电人依法破产、被工商部门注销；在缴清电费及其他欠缴费用后，申请销户；供电人依法销户。

用电人依法破产终止供用电合同，这里的用电人只能是企业法人。企业法人可以是国有企业、民营企业、外商独资企业、中外合作企业等。

企业法人破产以人民法院正式宣判的法律文书为准。对已破产的企业应予销户。

对原不属供电人直接抄表到户的破产企业的职工，应以自然人的身份向供电人申请用电，并以背书合同或居民供用电合同的方式与供电人签订居民供用电合同。

用电人被工商行政管理部门依法注销工商登记的，供电人可对其销户，同时供电人拥有对用电人追缴所欠电费债务及其他债务的权利。

用电人在缴清电费及其他欠缴费用后，经用电人申请，供电人终止与用电人的供用电关系，解除供用电合同并予销户。这种情况以临时用电人居多。

用电人连续6个月不用电的，供电人可按规定终止供电并销户。用电人欠缴供电人的电费债权及其他债权的，供电人有权要求原用电人清偿。

六、相关法律法规

(一)《电力法》

(1) 第二十七条　电力供应与使用双方应当根据平等自愿、协商一致的原则，按照国务院制定的电力供应与使用办法签订供用电合同，确定双方的权利和义务。

(2) 第五十九条　电力企业或者用户违反供用电合同，给对方造成损失的，应当依法承担赔偿责任。

电力企业违反本法第二十八条、第二十九条第一款的规定，未保证供电质量或者未事先通知用户中断供电，给用户造成损失的，应当依法承担赔偿责任。

(二)《电力供应与使用条例》

(1) 第六条　供电企业和用户应当根据平等自愿、协商一致的原则签订供用电合同。

(2) 第三十二条　供电企业和用户应当在供电前根据用户需要和供电企业的供电能力签订供用电合同。

(3) 第三十三条　供用电合同应当具备以下条款：① 供电方式、供电质量和供电时间；② 用电容量和用电地址、用电性质；③ 计量方式和电价、电费结算方式；④ 供用电设施维护责任的划分；⑤ 合同的有效期限；⑥ 违约责任；⑦ 双方共同认为应当约定的其他条款。

(4) 第三十四条　供电企业应当按照合同约定的数量、质量、时间、方式，合理调度和安全供电。用户应当按照合同约定的数量、条件用电，交付电费和国家规定的其他费用。

(5) 第三十五条　供用电合同的变更或者解除，应当依照有关法律、行政法规和本条例的规定办理。

(6) 第四十二条　供电企业或者用户违反供用电合同，给对方造成损失的，应当依法承担赔偿责任。

(三)《供电营业规则》

(1) 第九十二条　供电企业和用户应当在正式供电前，根据用户用电需求和供电企业的供电能力以及办理用电申请时双方已认可或协商一致的下列文件，签订供用电合同：① 用户的用电申请报告或用电申请书；② 新建项目立项前双方签订的供电意向性协议；③ 供电企业批复的供电方案；④ 用户受电装置施工竣工检验报告；⑤ 用电计量装置安装完工报告；⑥ 供电设施运行维护管理协议；⑦ 其他双方事先约定的有关文件。

对用电量大的用户或供电有特殊要求的用户，在签订供用电合同时，可单独签订电费结算协议和电力调度协议等。

(2) 第九十三条　供用电合同应采取书面形式，经双方协商同意的有关修改合同的文书、电报、电传和图表也是合同的组成部分。

供用电合同书面形式可分为标准格式和非标准格式两类。标准格式合同适用于供电方式简单、一般性用电需求的用户；非标准格式合同适用于供用电方式特殊的用户。

省电网经营企业可根据用电类别、用电容量、电压等级的不同，分类制定出适应不同类型用户需要的标准格式的供用电合同。

（3）第九十四条　供用电合同的变更或者解除，必须依法进行。有下列情形之一的，允许变更或解除供用电合同：① 当事人双方经过协商同意，并且不因此损害国家利益和扰乱供用电秩序；② 由于供电能力的变化或国家对电力供应与使用管理的政策调整，使订立供用电合同时的依据被修改或取消；③ 当事人一方依照法律程序确定确实无法履行合同；④ 由于不可抗力或一方当事人虽无过失，但无法防止的外因，致使合同无法履行。

（4）第九十五条　供用双方在合同中订有电力运行事故责任条款的，按下列规定办理：① 由于供电企业电力运行事故造成用户停电时，供电企业应按用户在停电时间内可能用电量的电度电费的五倍（单一制电价为四倍）给予赔偿。用户在停电时间内可能用电量，按照停电前用户正常用电月份或正常用电一定天数内的每小时平均用电量乘以停电小时求得。② 由于用户的责任造成供电企业对外停电，用户应按供电企业对外停电时间少供电量，乘以上月份供电企业平均售电单价给予赔偿；因用户过错造成其他用户损害的，受害用户要求赔偿时，该用户应当依法承担赔偿责任；虽因用户过错，但由于供电企业责任而使事故扩大造成其他用户损害的，该用户不承担事故扩大部分的赔偿责任；③ 对停电责任的分析和停电时间及少供电量的计算，均按供电企业的事故记录及《电业生产事故调查规程》办理。停电时间不足 1 小时按 1 小时计算，超过 1 小时按实际时间计算；④ 本条所指的电度电费按国家规定的目录单价计算。

（5）第九十六条　供用电双方在合同中订有电压质量责任条款的，按下列规定办理：① 用户用电功率因数达到规定标准，而供电电压超出本规则规定的变动幅度，给用户造成损失的，供电企业应按用户每月在电压不合格的累计时间内所用的电量，乘以用户当月用电的平均电价的百分之二十给予赔偿。② 用户用电的功率因数未达到规定标准或其他用户原因引起的电压质量不合格的，供电企业不负赔偿责任。③ 电压变动超出允许变动幅度的时间，以用户自备并经供电企业认可的电压自动记录仪表的记录为准，如用户未装此项仪表，则以供电企业的电压记录为准。

（6）第九十七条　供用电双方在合同中订有频率质量责任条款的，按下列规定办理：① 供电频率超出允许偏差，给用户造成损失的，供电企业应按用户每月在频率不合格的累计时间内所用的电量×当月用电的平均电价的 20% 给予赔偿。② 频率变动超出允许偏差的时间，以用户自备并经供电企业认可的频率自动记录仪表的记录为准，如用户未装此项仪表，则以供电企业的频率记录为准。

（7）第九十八条　用户在供电企业规定的期限内未交清电费时，应承担电费滞纳的违约责任。电费违约金从逾期之日起计算至交纳日止。每日电费违约金按下列规定计算：① 居民用户每日按欠费总额的千分之一计算。② 其他用户：当年欠费部分，每日按欠费总额的千分之二计算；跨年度欠费部分，每日按欠费总额的千分之三计算；电费违约金收取总额按日累加计收，总额不足 1 元者按 1 元收取。

（8）第九十九条　因电力运行事故引起城乡居民用户家用电器损坏的，供电企业应按《居民用户家用电器损处理办法》进行处理。

（9）第一百条　危害供用电安全、扰乱正常供用电秩序行为，属于违约用电行为。供电企业对查获的违约用电行为应及时予以制止。有下列违约用电行为者，应承担其相应的违约责任：① 在电价低的供电线路上，擅自接用电价高的用电设备或私自改变用电类别的，应按实际使用日期补交其差额电费，并承担二倍差额电费的违约使用电费。使用起讫日期难以确定的，实际使用时间按三个月计算。② 私自超过合同约定的容量用电的，除应拆除私增容设备外，属于两部制电价的用户，应补交私增设备容量使用月数的基本电费，并承担三倍私增容量基本电费的违约使用电费；其他用户应承担私增容量每千瓦（千伏·安）50 元的违约使用电费。如用户要求继续使用者，按新装增容办理手续。③ 擅自超过计划分配的用电指标的，应承担高峰超用电力每次每千瓦 1 元和超用电量与现行电价电费五倍的违约使用电费。④ 擅自使用已在供电企业办理暂停手续的电力设备或启用供电企业封存的电力设备的，应停用违约使用的设备。属于两部制电价的用户，应补交擅自使用或启用封存设备容量和使用月数的基本电费，并承担二倍补交基本电费的违约使用电费；其他用户应承担擅自使用或启用封存设备容量每次每千瓦（千伏·安）30 元的违约使用电费。启用属于私增容被封存的设备的，违约使用者还应承担本条第 2 项规定的违约责任。⑤ 私自迁移、更动和擅自操作供电企业的用电计量装置、电力负荷管理装置、供电设施以及约定由供电企业调度的用户受电设备者，属于居民用户的，应承担每次 500 元的违约使用电费；属于其他用户的，应承担每次 5000 元的违约使用电费。⑥ 未经供电企业同意，擅自引入（供出）电源或将备用电源和其他电源私自并网的，除当即拆除接线外，应承担其引入（供出）或并网电源容量每千瓦（千伏·安）500 元的违约使用电费。

∷∷ 第四部分　典型任务及实施

一、典型任务

某客户向供电企业申请新装或增容用电且工程已竣工验收合格或某客户向供电企业申请变更用电需变更供用电合同，客户向供电企业提供了有关资料。根据所提供的客户资料，填写有关合同条款，形成一份完整的供用电合同。

二、学习任务

根据所提供的客户资料，填写有关合同条款，形成一份完整的供用电合同。

三、由指导教师给出客户用电基本信息

（1）根据客户基本信息，正确填写客户资料、用电地址、用电性质、用电容量、供电方式、供电质量要求、计量装置、电价及电费结算方式、供电设施维护管理责任、约定事项及争议的解决方式等合同基本条款；

（2）补充完善合同中违约责任条款（电费违约金的计收标准等）；

（3）完成合同签约，正确填写供电人、用电人、签约人、签约日期及地点、合同编号，要求填写完整、正确、规范、整洁，签约份数要求用中文汉字表述；

（4）根据客户基本信息，正确绘制供电接线及产权分界示意图，要求从电源接入点至客户受电变压器之间的联结示意图，电源接入点断路器设备的双重编号、线路双重编号、变压器容量、清晰正确的产权分界点，设备图标正确，示意图规范、整洁；

（5）客户应提供的用电申请资料清单以营销管理标准并结合具体案例为准。

四、组织实施

学生每 2~3 人为一个小组，每个班可根据人数分成若干小组。要求每个小组根据任务拟定抄表流程计划，然后以小组为单位组织实施计划流程，正确填写表单，交指导教师审查并给出指导。

（1）正确填写客户基本信息；

（2）正确填写用电地址、用电性质、用电容量；

（3）正确填写客户供电方式和合同履行地点；

（4）按国家有关规定正确填写供电质量要求；

（5）正确填写用电计量、无功补偿及功率因数、电价及电费结算方式；

（6）正确填写调度通信、供电设施维护管理责任；

（7）根据给定条件确定具体的约定事项、明确双方的违约责任及免责条款；

（8）确定争议的解决方式及填写合同附件、合同效力及未尽事宜、签约日期及地点、供电接线及产权分界示意图。

学习情境 ④ 变更用电业务受理

第一部分 学习任务

一、任务描述

（1）根据具体案例，规范填写变更业务受理工单，收集、审查相关资料，完成变更业务受理工作。

（2）运用 SG186 营销应用系统进行业务受理环节。

二、学习目标

（1）根据具体案例，填写变更业务受理工单，收集、审查业务资料，提出客户资料存在的问题以及缺失的资料；

（2）受理完成后进行台账登记，并填写用电业务内部传递监督工作单进行流程传递；

（3）客户应提供的变更用电申请资料清单以营销管理标准并结合具体案例为准；

（4）能运用 SG186 营销应用系统进行业务受理环节。

第二部分 基础知识

一、日常用电营业管理（变更业务）

（一）日常用电营业的工作内容与作用

日常营业，是指业务扩充以外的其他用电业务工作。它的主要对象是已经接电立户的各类客户或临时客户等。客户在用电过程中会发生各种各样、影响各异的问题，需要和供电企业取得联系，以求得到解决，营业厅（室）要受理承办，或转达到有关部门研究处理，务求迅速、合理地予以解决。这不仅是保证电能销售渠道畅通所必需，也是供电企业为社会提供服务、取信于社会的极为重要的环节；它不仅起到协调供电企业内部各部门、各工序的作用，而且是供电企业与社会联系的重要纽带。该项工作与业务扩充、电费管理、电能计量管理组成整体，相互联系，相互影响。它在营销过程中起到承前起后的作用。日常用电营业项目多、范围广、服务性及政策性强。就其工作内容，概括起来可分为营业管理工作和营销服务工作两大类。

1. 营业管理工作

（1）变更用电业务：主要是指对正式用户在用电过程中办理的业务变更和其他有关事项的处理。例如：减容、暂停、移表、过户、变类等。内容很多，多为服务性、政策性的业务，这种业务关系着电力企业的形象，直接联系客户，要求真诚、规范，使客户感到方便。

（2）客户户务资料的管理。客户户务资料，又称客户档案。它是用于保存和记载客户从申请用电开始到装表接电以及用电后所发生的变更用电等有关事宜的全部原始资料，包括为客户办理有关用电工作的原始凭证。各种业务费用包括报装接电劳务费，工程设计审查咨询费，电气试验费，电能表修校费，电能表赔偿费等。

2. 营销服务工作

日常营业中的服务性工作是指用户不了解国家、地方政府及供电部门有关规定而来信来访，要求排解用电纠纷，接受投诉举报，提出质疑等。主要有：咨询类；宣传、解释类——解答用电器具的合理使用方法、宣传解释电业规章制度、电价政策以及安全用电常识等；排除用电纠纷类；处理人民来信来访类。

（二）变更用电业务的定义工作内容

电力客户从申请用电到装表、送电，即成为供电企业的正式客户。在日常工作、生活中，其用电情况不是一成不变的，经常会出现各种变更用电事宜。所谓变更用电是指改变日供用与双方签订的供用电合同中约定的用电要宜。供电企业的营业部门办理客户在用电过程中发生的各项变更用电业务及日常的服务管理工作称为日常营业。也称"乙种业务"或"杂项业务"。

客户需要变更用电时，应填写变更用电申请表，加盖公章，并携带有关证明文件到供电企业营业场所办理手续，变更供用电合同的约定。随着通信、信息技术的发展，许多城市建立了客户服务中心。居民客户及其他电力客户除可到所辖电力供电企业的营业窗口办理用电手续外，也可以通过服务电话、服务网站办理该手续，既方便又快捷。

二、违约用电（窃电）

（一）违约用电的含义及处理规定

任何用电户均应认真执行供用电的有关规章制度，特别是1996年10月8日国家电网建设有限公司以第8号令颁发的《供电营业规则》中有明确规定。规定如下：

（1）在电价低的供电线路上，擅自接用电价高的用电设备或私自改变用电类别的，应按实际使用日期补交其差额电费并承担2倍差额电费的违约使用电费。使用起讫日期难以确定时，实际使用时间按3个月时间，动力每日12h，照明每日6h计算。

（2）私自超过合同约定的容量用电的，除应拆除私增容量设备外，属于两部制电价的客户，应补交私增加设备容量使用月数的基本电费，并承担3倍私增容量基本电费的违约使用电费；其他客户应承担私增容量每次每千瓦（千伏·安）50元的违约使用电费，同时拆、封其私增设备；如客户要求继续使用时，应接新装增容办理。

（3）擅自超过计划分配的用电指标的，应承担高峰超用电力每次每千瓦1元和超用电量与现行电价电费五倍的违约使用电费。

（4）擅自使用已在供电企业办理报暂停手续的电气设备或启用供电企业封存的电气设备的，应停用违约使用的设备。属于两部制电价的客户，应补交擅自使用或启用封存设备容量和使用月数的基本电费，并承担2倍补交基本电费的违约使用电费；其他客户应承担擅自使用或启用封存设备容量每次每千瓦（千伏·安）30元的违约使用电费，同时再次封存擅自启用的电气设备。

（5）私自迁移、更动和擅自操作供电部门的用电计量装置、电力负荷管理装置、供电设施以及由供电企业调度的客户受电设备者，属于居民客户的，应承担每次500元的违约使用电费；属于其他客户的，应承担每次 5000 元的违约使用电费。

（6）未经供电企业同意，擅自引入（供出）电源或备用电源和其他电源私自并网的，除当即拆除接线外，应承担其引入（供出）或并网电源容量每千瓦（千伏·安）500 元的违约使用电费。

遵纪守法、遵章守纪。明确违章的含义与违章的危害，杜绝违章用电。供电部门则应加强培训与宣传教育，对违章用电应即予制止及处理；对多次违章者，可停止供电；对造成严重后果者，应依法起诉。

（二）窃电的含义及处理规定

窃电是盗窃国家资财的不法行为。任何用电单位或个人，均应以国家利益为重，严格要求，认真清查，杜绝各类窃电现象。

对于各种窃电行为，供电部门除应予制止并可当场中止供电外，还应按私接容量和实际使用时间追补电费并按追补电费的 3 倍收取违约使用电费。情节严重时，要依法起诉。窃电时间无法查明时，则至少按 180 天计算（电力用户每日按 12h，照明用户每日按 6h 计）。用户窃电或违章用电造成电业设备损坏时，应负责赔偿或修复。

供电部门对检举和查获窃电的有关人员要给予奖励（奖金可从违约使用电费中支付）。供电局及用户的电气工作人员都应带头抵制任何窃电与违章用电行为，对明知故犯者要从严处理。

⋮⋮⋮ 第三部分 学习引导

- 学习方式
  课堂传授、资料角、图书馆、教学资料、SG186 系统、咨询老师。
- 学习引导
  变更用电业务受理

一、变更用电管理

（一）减容

（1）及时受理客户减容用电申请，并在 5 个工作日内答复客户。减容应为整台或整组变压器的停止或更换小容量变压器用电。

（2）根据客户申请减容的日期对设备进行加封。从加封之日起，按原计费方式减收其相应容量的基本电费，但用户申明为永久性减容的或从加封之日起期满 2 年又不办理恢复用电手续的，其减容后的容量已达不到实施两部制电价规定容量标准时，应改为单一制电价计费。

（3）根据客户所提出的申请确定减少用电容量的期限，但最短期限不得少于 6 个月，最长期限不得超过 2 年。

（4）在减容期限内，应保留客户减少容量的使用权。超过减容期限要求恢复用电时，应按新装或增容手续办理。

（5）在减容期限内要求恢复用电时，应及时办理用电手续，确保在 5 天内答复客户，基本电费从启封之日起计收。

（6）控制客户减容条件，对近 2 年内减容期满或新装、增容的客户，不接收其减容申请。如确需继续办理减容的，减少部分容量的基本电费应按 50% 计算收取。

（二）暂停

（1）客户申请全部（含不通过受电变压器的高压电动机）或部分用电容量在 1 个日历年内的暂停次数不超过 2 次，根据客户所提出的申请确定暂停期限，每次暂停时间不得少于 15 天，1 年累计暂停时间不得超过 6 个月。

（2）季节性用电或国家另有规定的客户，累计暂停时间可另行协商确定。

（3）按变压器容量计收基本电费的客户，暂停用电必须是整台或整组变压器停止运行。市供电公司在受理暂停申请后，根据客户申请暂停的日期对暂停设备加封。从加封之日起，按原计费方式减收其相应容量的基本电费。

（4）暂停期满或每 1 个日历年内累计暂停用电时间超过 6 个月者，不论客户是否申请恢复用电，供电公司应从期满之日起，按合同约定的容量计收其基本电费。

（5）在暂停期限内，客户申请恢复暂停用电容量用电时，应及时受理客户恢复用电申请，确保在受理申请后的 5 天内办结。暂停时间少于 15 天者，暂停期间不扣减基本电费。

（6）按最大需量计收基本电费的客户，申请暂停用电必须是全部容量（含不通过受电变压器的高压电动机）的暂停。

（7）擅自使用已在电业局（公司）/供电局（公司）办理暂停手续的电力设备或启用电业局（公司）/供电局（公司）封存的电力设备的，应按违约用电处理。属于两部制电价的客户，应补交擅自使用或启用封存设备容量和使用月数的基本电费，并承担 2 倍补交基本电费的违约使用电费。其他客户应承担擅自使用或启用封存设备容量每次每千瓦 30 元的违约使用电费。

（三）暂换

（1）暂换指因受电变压器故障而无相同容量变压器替代，需要临时更换大容量变压器的用电变更行为。

（2）可根据客户所提出的申请并结合具体规定确定暂换期限。暂换变压器的使用时间，10kV 及以下的不应超过 2 个月，35kV 及以上的不应超过 3 个月。逾期不办理手续的，电业局（公司）/供电局（公司）可中止供电。

（3）暂换的变压器经检验合格后方可投入运行。

（4）对两部制电价客户应在暂换之日起，按替换后的变压器容量计收基本电费。

（四）迁址

（1）及时受理客户迁址用电申请。

（2）原址按终止用电办理，予以销户。新址用电按新装用电办理。

（3）准确收取客户新址用电引起的工程费用。

（4）私自迁移用电地址而用电者，属于居民客户的，应向客户收取每次 500 元的违约使用电费。属于其他客户的，应向客户收取每次 5000 元的违约使用电费。

（五）移表

（1）及时受理客户移表申请。

（2）在客户用电地址、用电容量、用电类别、供电点等不变情况下，为客户办理移表手续。

（3）向客户收取移表所需的费用。

（4）客户不论何种原因，不得自行移动表位，否则，属于居民客户的，电业局（公司）/供电局（公司）应向客户收取每次500元的违约使用电费；属于其他客户的，电业局（公司）/供电局（公司）应向客户收取每次5000元的违约使用电费。

（六）暂拆

（1）及时受理客户暂拆申请，并查验客户的有关证明材料。

（2）客户办理暂拆手续后，电业局（公司）/供电局（公司）应在5天内实行暂拆。

（3）暂拆最长不得超过6个月。

（4）暂拆原因消除，客户要求复装接电时，电业局（公司）/供电局（公司）应指导客户办理恢复用电手续，并收取规定交付的费用。电业局（公司）/供电局（公司）应在客户办理手续及交费后的5天内为该客户复装接电。

（5）超过暂拆规定时间要求复装接电者，电业局（公司）/供电局（公司）按新装手续办理。

（七）更名或过户

（1）及时受理客户更名或过户申请，并查验客户的有关证明材料。

（2）在用电地址、用电容量、用电类别不变条件下，应允许办理更名或过户。

（3）在原客户结清用电债务时，解除原客户供用电合同关系，与新客户建立供用电合同关系。

（4）不办理过户手续而私自过户者，电业局（公司）/供电局（公司）应向新客户追偿原客户所负债务。经检查发现客户私自过户时，应通知该户补办手续，必要时可中止供电。

（八）分户

（1）及时受理客户分户申请，并查验客户的有关证明材料。

（2）在用电地址、供电点、用电容量不变，且其受电装置具备分装条件时，应允许办理分户。

（3）在原客户结清用电债务时，为其办理分户手续。

（4）与分立后的新客户重新建立供用电合同关系。

（5）原客户的用电容量由分户者自行协商分割，需要增容者，在其分户后根据其增容申请为其办理增容手续。

（6）分户引起的工程费用由分户者负担。

（7）对分户后受电装置进行检验，确认合格后，分别装表计费。

（九）并户

（1）及时受理并户申请，并查验客户的有关证明材料。

（2）允许在同一供电点，同一用电地址的相邻两个及以上客户办理并户。

（3）在原客户结清用电债务时，为其办理并户手续，并户引起的工程费用由并户者负担。

（4）与并户后的新客户重新建立供用电合同关系。

（5）对并户的受电装置进行检验，确认合格后，重新装表计费。

（十）销户

（1）及时受理销户申请。

（2）销户必须停止全部用电容量的使用。

（3）收回客户电费欠费。

（4）在查验用电电能计量装置完好性后，拆除接户线和用电电能计量装置。全部完成上述工作后，与原客户解除供用电合同关系。

（5）客户连续6个月不用电，也不申请办理暂停用电手续者，应以销户终止其用电。客户需再用电时，按新装用电办理。

（十一）改压

（1）及时受理改压申请。

（2）应按增容或减容办理相关业务手续。

（3）改压引起的工程费用由用户负担。由于供电原因引起客户供电电压等级变化的，不应向客户收取改压引起的客户外部工程费用。

（十二）改类

（1）及时受理改类申请。

（2）在同一受电装置内，由于电力用途发生变化而引起用电电价类别改变时，应允许办理改类手续。

（3）对擅自改变用电类别行为，应按实际使用日期向违约客户补收差额电费，并征收2倍差额电费的违约使用电费。使用起讫日期难以确定的，实际使用时间按3个月计算。

（十三）客户依法破产

（1）客户依法破产时，应予销户，终止供电。

（2）在破产客户原址上用电的，按新装用电办理。

（3）从破产客户分离出去的新客户，必须在偿清原破产客户电费和其他债务后，方可为其办理变更用电手续，否则，可按违约用电处理。

二、变更业务受理常用表单

变更业务受理常用表单包括：变更用电申请书（见表2-25）；客户登记证（见表2-26）；用电业务内部传递监督工作单（见表2-27）；客户用电业务申请登记簿（见表2-28）。

表 2－25 变更用电申请书

	申请编号	

申请人： 申请日期：

变更用电内容：A. 减容 B. 暂停 C. 暂换 D. 暂拆 E. 更名过户 F. 并户 G. 分户 H. 销户 I . 迁址 J. 移表 K. 改压 L. 改类 M. 恢复 N. 其他

目前用电情况	户　号			用电地址			
	户　名			法人代表			
	联系人		联系电话		身份证号码		
	开户银行				银行账号		
	税务登记号				负荷性质		
	用电容量	低压：		kW	供电电压		
		高压：		kV·A			
	用电类别	大宗工业（　　） 非工业和普通工业（　　） 商业（　　） 非居民照明（　　） 居民照明（　　） 其他（　　）					
	其　他						

特别说明：本人特此申明以上所提供资料完全属实，理解并认可"填表说明"的内容。 客户签名（单位盖章）： 年　月　日	此栏只由办理更名过户业务的原户签字或盖章。

变更用电原因及内容变	

变更后用电情况	户　号			用电地址			
	户　名			法人代表			
	联系人		联系电话		身份证号码		
	开户银行				银行账号		
	税务登记号				负荷性质		
	用电容量	低压：		kW	供电电压		
		高压：		kV·A			
	用电类别	大宗工业（　　） 非普工业（　　） 商业（　　） 非居民照明（　　） 居民照明（　　） 其他（　　）					
	其　他						

续表

特别说明：本人特此申明以上所提供资料完全属实，理解并认可"填表说明"的内容。 　　　　　　　　客户签名（单位盖章）： 　　　　　　　　　　年　　月　　日	如办理更名过户业务，此栏为新户签字或盖章。
受理情况	业务受理： 　　　　　　　　　　年　　月　　日

填表说明：

　　（1）申请书适用于申请变更用电的客户。

　　（2）高压供电客户"用电容量"栏填写变压器及不通过变压器供电的高压电动机的容量。

　　（3）"变更用电原因及内容"栏要求说明具体原因和变更情况（如暂停容量、时间等）。

　　（4）申请分（并）户时，请各分（并）客户分别填写申请，所有客户均应加盖单位公章。

　　（5）申请变更用电类别业务应注意事项：客户申请改变用电类别后，以原用电类别电价计收的尾度电费不再单独收取，而与变更后新用电类别电价计收的次月电费一并收取。

　　（6）申请更名过户业务应注意事项：

　　1）客户更名、过户、涉及财产所有权（使用权）等法律关系。因此，必须由原户和新户共同提出申请。客户更名、过户后，其用电方面的债权债务关系即由新户承担。

　　2）其他需附资料：①原有客户请随带近期供电企业电费数据复印件一份。②新户营业执照或法人身份证复印件。③事业单位、国有企业需有上级主管部门意见，其他性质的企业、单位需有房屋产权人意见、产权复印件和办理人身份证复印件。破产企业应有工商等有关部门的证明。

　　3）客户更名过户，必须在用电地址、用电容量不变的情况下，才能予以办理。原户与供电企业结清债务后，才能解除原供电合同。

　　4）新客户与供电局重新签订供用电合同。

　　（7）业务受理人员应在"受理情况"栏中填写客户欠费情况、暂停或减容的次数等内容，并明确该项业务是否受理。

表 2 - 26 客户登记证

户 号		户 名	
用电地址		查 询 号	
联 系 人		联系电话	

	资料名称	时 间
收到客户资料		年 月 日
		年 月 日
		年 月 日
		年 月 日
		年 月 日
		年 月 日
		年 月 日
		年 月 日
		年 月 日

供电部门业务人员		用电业务联系电话	

客户清单事项：（1）请携带该证以便查询和进行工作联系。

（2）供电特服电话：95598。

表 2 - 27 　　　　　　　　　　用电业务内部传递监督工作单

客户资料	户　　号		用电地址	
	户　　名		法人代表	
	通信地址		邮　　编	
	联 系 人		联系电话	
客户申请受理人：			业务类别	
受理日期：　　　　年　　月　　日			查询号	

接受时间	办理内容	办理时间	经办人	办理时限	超时限数	办理情况

注 （1）本工作单作为对各办理环节的经办人完成工作时间、质量考核提供依据，不能当处理单使用。

（2）本工作单随用电申请书或各类处理单进行传递，工作完毕后随其他资料一并归档。

（3）本工作单也可作为各班组之间、各岗位之间的工作联系单。

表 2-28 客户用电业务申请登记簿

查询号	户 名	受理人	申请时间	用电业务类别	答复日期	完成时间	备注

第四部分 典型任务及实施

一、典型任务

某客户向供电企业申请变更用电，要求：

（1）根据给定的条件代客户填写用电申请书；

（2）根据给定的条件代客户正确规范填写变更用电申请书；

（3）根据给定的条件代客户正确规范填写客户联系卡；

（4）审查业务资料是否齐全、存在问题及进行业务登记。

二、学习任务

根据具体案例，规范填写变更业务受理工单，收集、审查相关资料，完成变更业务受理工作。

三、由指导教师给出客户用电基本信息

（1）根据具体案例，填写变更业务受理工单，收集、审查业务资料，提出客户资料存在的问题以及缺失的资料；

（2）受理完成后进行台账登记，并填写用电业务内部传递监督工作单进行流程传递；

（3）客户应提供的用电申请资料清单以营销管理标准并结合具体案例为准；

四、组织实施

学生每 2~3 人为一个小组，每个班可根据人数分成若干小组。要求每个小组根据任务拟定抄表流程计划，然后以小组为单位组织实施计划流程，正确填写表单，交指导教师审查并给出指导。

1. 填写变更用电申请书

根据给定的案例代客户填写变更用电申请书。

2. 审查业务资料

（1）根据《电力营销管理标准》规范要求，审查客户提供的业务资料是否齐全；

（2）审查客户提供的业务资料是否存在问题；

（3）将客户提供的资料和欠缺的资料规范填入客户资料登记证和用电申请资料审查意见书中。

3. 业务登记

（1）受理后的用电业务应做书面登记；

（2）填写用电业务内部监督工作单；

（3）在客户用电业务申请登记簿备注栏注明"已录入营销业务应用系统"。

4. 填写规范性

表格填写不得进行涂改。

第三章
电价及电价管理

学习情境 ① 现行电价政策

░ 第一部分 学习任务

一、任务描述
（1）能正确无误的掌握国家现行电价政策；
（2）能正确掌握丰枯峰谷电价；
（3）能正确掌握基本电费执行标准、力调标准；
（4）能正确掌握国家各类代收基金类别。

二、学习目标
（1）能通过用户类别叙述现行电价构成、现行电价分类及执行范围、丰枯峰谷电价；
（2）能叙述功率因数考核的意义、功率因数考核标准及执行范围；
（3）能叙述基本电费收取相关规定；
（4）能叙述掌握国家各类代收基金类别。

░ 第二部分 基础知识

一、电价的基本概念、制定电价应遵循的原则和依据

1. 电价的基本概念

电价是电力这个特殊商品在电力企业参加市场经济活动，进行贸易计算中的货币表现形式，是电力商品价格的总称。

电价是电能价值的货币表现，同其他商品价格模式一样，为电价 = 产品成本 + 利润 + 税金。

2. 制定电价的原则

合理补偿成本；合理确定利润，依法纳税；坚持公平合理，促进电力建设；促进用户合理用电。

3. 制定电价的依据

制定电价要以价值为基础；制定电价要以成本为依据，合理确定电价赢利的水平。

二、我国电价的管理模式

我国电价管理模式的总原则是"统一领导、分级管理"。"统一领导"主要指统一政策和统一定价原则；"分级管理"主要指国家和省级价格主管部门按一定的权限分工，分别对不同类型的电价进行管理。

三、我国现行电价分类

1. 现行电价按主产流通环节分类

现行电价按主产流通环节分为上网电价、网间互供电价、销售电价。

上网电价是指独立核算的发电企业向电网经营企业提供上网电量时，与电网经营企业之间的结算价格。

网间互供电价是指电网与电网间通过联络线相互提供电力、电量的结算价格。

销售电价是根据综合成本，按照不同用电性质进行个别成本分摊形成的价格（是指电力经营者向电力使用者供给、销售电力的结算价格，是电价的最终环节）。

2. 现行销售电价分类

我国的销售电价按用电类别分为 8 大类：居民生活用电电价；非居民照明用电电价；商业电价；非工业和普通工业用电电价；大工业用电电价；农业生产用电电价；贫困县农业排灌电价；趸售电价。不同的用电类别执行不同的电价。

四、我国现行的电价计价方式

1. 单一制电价

单一制电价即只按用电户用电量千瓦时数计价。它适用于居民生活用电、一般工商业用电、农业生产、农排用电。

2. 两部制电价

即将用电户的电价分为两部分，一部分为基本电价，代表电力企业的容量成本，即固定费用。在计算基本电费时，以户的最大需量值的千瓦数或按装设备容量的千伏安值为准，与实际用电量无关。也就是说：不论用户当月用不用电，多用或少用电，均按上述千瓦（千伏安）计收；另一部分为电度电价，代表电力企业的电能成本，在计算电度电费时，以用电户实际使用的电量为准，与装接设备的容量大小无关。

目前我国对变压器容量在 $315kV \cdot A$ 及以上的工业用电执行两部制电价。

3. 峰谷丰枯电价

受电变压器容量在 $315kV \cdot A$ 及以上的大工业用户；受电变压器容量在 $50kV \cdot A$ 及以上一般工商业（不含自来水公司和天然气生产用电）；除党政机关，事业团体、学校、医院、民政福利单位和城市公用路灯以外的非居民照明用户。

4. 功率因数调整电价

（1）功率因数标准0.90，适用于 $160kV \cdot A$ 以上的高压供电工业用户（包括社队工业用户）、装有带负荷调整电压装置的高压供电电力用户和 $3200kV \cdot A$ 及以上的高压供电电力排灌站；

（2）功率因数标准0.85，适用于 $100kV \cdot A$（kW）及以上的其他工业用户（包括社队工业用户）、$100kV \cdot A$（kW）及以上的非工业用户和 $100kV \cdot A$（kW）及以上的电力排灌站；

（3）功率因数标准0.80，适用于 $100kV \cdot A$（kW）及以上的农业用户和趸售用户，但大工业用未划由电业局直接管理的趸售用户，功率因数标准应为0.85。

5. 代征收费用

包括重大水利建设基金、城市公用事业附加费、可再生能源基金、移民扶持基金、农网还贷基金，根据客户实际用电量按照国家批准的代征费用标准和征收范围计算，代收（基金及附加）和基本电费不参与丰、枯、峰、谷浮动。

其中，重大水利建设基金 0.007 元/kW·h（三峡工程建设现已停征）、城市公用事业附加 0.01 元/kW·h、可再生能源附加和居民生活用电 0.001 元/kW·h，其他用电 0.008 元/kW·h、库区移民基金 0.0088 元/kW·h、农网还贷 0.02 元/kW·h（中小化肥不收）。

代征收费用的计算公式是：代征基金及附加 = 结算电量 × 代征基金

五、电价改革的内容

建立新的电价形成机制。在厂网分开、高压输电与低压配电分开的基础上，建立以社会平均成本为基础的、能够约束电力生产者、经营者成本上升的上网电价、趸售电价、零售电价形成机制。

按社会平均成本核定各电网统一上网电价标准，实行同网、同质、同价。要把建设项目建成后的事后定价改为事前定价。

要实行厂网分开、输电和配电分开，分别核定发电、输电和配电环节的费用，提高价格透明度，增强对各环节成本的约束。

按照公平负担原则科学制定销售电价，统一销售电价，电力零售价格要按用户电压等级和用户负荷重新分类，扩大两部制电价实行范围，大力推行峰谷电价和丰枯电价。

六、电费违约金的含义及处理规定

电费违约金是客户在未能履行供用电双方签订的供用电合同，未在供电企业规定的电费缴纳期限内交清电费时，应承担电费滞纳的违约责任，向供电企业交付延期付费的经济补偿费用，又称电费滞纳金。

在《供电营业规则》中规定了电费违约金的具体计算方法：

（1）居民客户每日按欠费总额的 0.1% 计算；

（2）其他客户：① 当年欠费部分，每日按欠费总额的 0.2% 计算；② 跨年度欠费部分，每日按欠费总额的 0.3% 计算。③ 电费违约金收取总额按日累加计收，总额不足 1 元者按 1 元收取。

▪▪▪ 第三部分　学习引导

- **学习方式**
  课堂传授、资料角、图书馆、教学资料、SG186 系统、咨询老师。
- **学习引导**

一、电价按销售时的用电属性分类

按销售时的用电属性分类，俗称"销售电价"分类，目前，它是电力企业与电力客户结算电费的主要依据之一。

（一）居民生活电价

1. 适用范围

凡属城乡居民家庭生活用电，执行居民生活电价。

2. 其他规定

（1）凡利用居民住宅从事生产、经营活动的用电，不执行居民生活电价。

（2）有条件的地区，根据需要可以实行居民生活分档或分时电价。

（二）商业电价

商业电价的适用范围：凡从事商品交换或提供商业性、金融性、服务性的非公益性有偿服务的电力客户，不分容量大小、不分照明和动力，均执行商业电价。例如：

（1）商场、商店、批发中心、超市、加油站等。

（2）物资供销、仓储业等。

（3）宾馆、饭店、写字楼、招待所、培训中心、活动中心。疗养院、旅社、酒店、茶座、咖啡厅、餐馆、浴室、美容美发厅、影楼、彩扩、洗染店、收费站以及修理、修配等经营业务用电。

（4）影剧院、录像放映点、游艺机室、网吧、健身房、保龄球馆、游泳池、歌舞厅、卡拉 OK 厅、度假村、收费的旅游点、公园等用电。

（5）从事经营性的金融、证券、保险等用电。

（6）从事咨询服务、信息服务、电信等用电。

（7）房地产经营（不含基建施工）及其他综合技术服务等用电。

（三）非居民照明电价

非居民照明电价的适用范围：除居民生活用电、商业用电、大工业客户生产车间照明以外的照明用电以及空调、电热用电，或者用电设备总容量不足 3kW 的动力用电等，均执行非居民照明电价。

例如：机关、部队、医院、学校、幼儿园、福利院、养老院等照明用电；铁道、航运等信号灯用电；路灯用电等。

（四）大工业用电电价

凡以电为原动力，或以电冶炼、烘焙、熔焊、电解、电化的一切工业生产，且受电变压器容量在 315kV·A 及以上者，以及符合上述容量规定的下列用电，均执行大工业电价。例如：

（1）机关、部队、学校、学术研究及试验等单位从事生产及修理业务的用电。

（2）铁路（包括地下铁路）、航运、电车、下水道、建筑部门及部队等单位所属修理工厂用电。

（3）自来水厂、工业实验等用电。

（4）电气化铁路的牵引用电。

（五）普通工业用电电价

1. 适用范围

凡符合大工业用电性质，且其受电变压器容量不足 315kV·A 的各项用电，均执行普通工业用电电价。

2. 其他规定

（1）普通工业客户的照明用电（包括办公和生产照明），应分表计量。如一时不能分表，可根据实际情况合理分算照明电度，按非居民照明电价计收电费。

（2）农村乡镇的农副产品加工和农机、农具修理等各项工业的用电，其受电变压器容量符合上述规定的执行普通工业电价。

（六）非工业用电电价

1. 适用范围

凡以电为原动力，或以电冶炼、烘焙、熔焊、电解、电化的非工业生产，其总容量在3kW 及以上用电，均执行非工业电价。例如：

（1）机关、部队、商店、学校、医院及科学研究、实验等单位的电动机、电热、电解、电化、冷藏等用电。

（2）铁路、地下铁路（包括照明）、管道输油、航运、电车、码头、飞机场、污水处理、供热厂等动力用电。

（3）基建工地施工用电（包括施工照明）。

（4）地下防空设施的通风、照明、抽水用电。

（5）有线广播站电力用电（不分设备容量大小）。

2. 其他规定

农、林、牧、渔业中用工业方法从事生产的用电应执行非工业电价。如：现代化养鸡场、养猪场、奶牛场、水产养殖场及茶场等。但若有属于加工性质的用电应执行普通工业或大工业电价。

（七）农业生产电价

1. 适用范围

凡属农田排涝、灌溉、电犁、打井、打场、脱粒、饲料加工等（非经营性），以及防汛临时照明用电，均执行农业生产电价。

2. 其他规定

属于国家级贫困县的农田排灌，执行国家核准的贫困县排灌电价。

（八）趸售电价

1. 适用范围

符合国家有关法规规定，以县级行政区域为供电范围的县级趸购转售单位，执行趸售电价（趸售电价是电力趸售单位与趸购转售单位的结算电价）。

2. 其他规定

（1）趸售单位对客户的转售电价执行有审批权限部门批准的电价，不得再向乡、村层层趸售。

（2）趸售供电区域内的重要客户，应作为供电部门的直供客户，不实行趸售。

（九）其他

（1）跨省、自治区、直辖市电网和独立电网之间、省级电网和独立电网之间的互供电价，由双方协商提出方案，报有管理权的物价行政主管部门核准。

（2）有条件的地区可以在批准的电价基础上实行峰谷电价和丰枯电价。

（3）特殊的电价分类与说明按省级以上有价格管理权限的部门批准的办法执行，并报国家电网公司备案。

二、电费计算

1. 结算电量

$$结算电量 = 抄见电量 + 线损电量 + 变损电量 + 退补电量$$

其中：

（1）抄见电量 =（本期抄表数 – 上期抄表数）× 电压互感器倍率 × 电流互感器倍率

（2）线损电量：原则上计量装置应该设在产权分界点。在实际营业中，常常会受安装条件的限制，计量装置不能设在产权分界点，那么，产权分界点与计量装置之间的连接线路的损耗电量就应该在结算电费时额外计收。以正常潮流为方向基准，当计量点在产权分界点之前时，在结算电量中应减去线损电量。当计量点在产权分界点之后时，在结算电量中应加上线损电量。

（3）变损电量：变损电量是变压器损耗电量的简称。变损电量分有功电量和无功电量。

（4）退补电量：退补电量是指在用电营业过程中发生的，按规（约）定需要参与电费计算的其他电量的总称。产生退补电量的原因很多，概括起来主要有以下几种：① 客户计量装置故障或接线错误造成的退补电量；② 营业工作执行电价政策改变（包括正常改变和错误修改两种情况）或营业工作差错引起的退补；用户违约用电和窃电，进行的退补；③ 调整抄表时间，对部分客户产生的退补。

2. 电费计算

（1）电量电费计算

$$电量电费 = 结算电量 × 结算单价$$

若客户执行峰谷电价

$$电量电费 = 高峰电量 × 高峰单价 + 平段电量 × 平段单价 + 低谷电量 × 低谷单价$$

（2）基本电费

基本电费只适用于大工业客户，按客户用电容量计算的电费，与按用电量计算的电度电费一并收取。基本电费可以按变压器容量计费，也可以按最大需量计费。基本电费必须按整台变压器容量全额收取，不能扣减办公、居民生活等负荷。

基本电费的计费方式

基本电费可以按变压器容量计费，也可以按最大需量计费。按容量计收基本电费必须按整台变压器容量全额收取。

$$基本电费 = 变压器容量 × 容量基本电价$$

或

$$基本电费 = 最大需量 × 需量基本电价$$

知识链接

　(1) 变压器容量是指用户实际使用的受电变压器（含接用的不通过变压器的高压电机）容量总和，单位为千伏·安。

　(2) 最大需量是指在本周期内，用户使用电力15min平均功率的最大值。

　(3) 新装、增容、变更与终止用电当月基本电费，可按实用天数（日用电不足24h的，按一天计算）每日按全月基本电费1/30计算。事故停电、检修停电、计划限电不扣减基本电费。按需量计收基本电费须加装专门的需量表并按月抄表计算。

　(3) 功率因数调整电费

　功率因数调整电费是指客户的功率因数高于或低于规定标准时，在按照规定的电价计算出客户当月的电费后，再按照功率因数调整电费表所规定的百分数计算减收或增收的调整电费。

　根据原水利电力部、国家物价局关于颁发《功率因数调整电费办法》的通知规定，对100kV·A（kW）以上的非居民客户均需进行功率因数考核，具体办法规定如下：① 功率因数标准0.90，适用于160kV·A以上的高压供电工业用户（包括社队工业用户）、装有带负荷调整电压装置的高压供电电力用户和3200kV·A及以上的高压供电电力排灌站。② 功率因数标准0.85，适用于100kV·A（kW）及以上的其他工业用户（包括社队工业用户）、100kV·A（kW）及以上的非工业用户和100kV·A（kW）及以上的电力排灌站。③ 功率因数标准0.80，适用于100kV·A（kW）及以上的农业用户和趸售用户，但大工业客户未划由电业直接管理的趸售用户，功率因数标准应为0.85。

　在电费计算中

$$客户的月平均功率因数 = \cos \arctan \frac{W_Q}{W_P}$$

或

$$客户的月平均功率因数 = \frac{1}{\sqrt{1 + \left(\frac{W_Q}{W_P}\right)^2}}$$

　其中：Q 是无功电量，P 是有功电量

　功率因数调整电费 = （基本电费 + 电量电费）× 功率因数增（减）率。

知识链接

四川省电网公司目前执行的一些电价政策

（1）电价优惠政策：在直供区内已安装分时计量装置的客户，不分丰水期、枯水期和平水期，低谷时段执行的电价实行优惠。

（2）丰枯、峰谷浮动电价的执行范围：受电变压器容量在315kV·A及以上的大工业用电、受电容量在50kV·A（kW）及以上非工业、普通工业用电；除党政军机关、事业社团、学校、医院、民政福利单位和城市公用路灯以外的非居民照明用电；商业用电；趸售用电。

浮动比例：执行丰枯峰谷浮动的基准电价为国家规定目录电价中的电度电价，即三费率四时段。① 丰枯浮动为：丰水期（6～10月）电价在基准电价基础上下浮10%，枯水期（12月～次年4月）电价在基准电价基础上上浮20%，平水期（5、11月）电价按基准电价执行。② 峰谷浮动为：在丰枯浮动电价的基础上，高峰时段(7:00～11:00，19:00～23:00)用电电价上浮50%，低谷时段(23:00～次日7:00)用电电价下浮50%。基本电价以及随电费加收的水利基金、农网还贷资金、城镇公用事业附加费等，不实行丰枯、峰谷电价。

▦▦ 第四部分 典型任务及实施

一、典型任务

根据某台区或支线客户用电资料进行电量、电价执行类别分析。

二、学习任务

（1）在规定的时间内，根据现场提供的资料，找出电价执行不正确的客户，并给予纠正。

（2）按照规定的格式填写各类报表。

（3）根据现场提供的资料进行电量、电价、电费、低压线损等指标计算分析。

（4）根据普查发现的问题，提出整改意见与防范措施。

三、由指导教师给出客户用电基本信息

（1）由教师提供客户某台区供电客户的某年抄表卡片和相关基础资料，填制综合台区统计分析表。

（2）找出电价执行不正确的客户，并给予纠正。

（3）写出普查发现的问题，并计算退补电费，提出整改措施。

四、组织实施

学生每2～3人为一个小组，每个班可根据人数分成若干小组。要求每个小组根据任务拟定工作流程计划，然后以小组为单位组织实施计划流程，正确填写表单，交指导教师

审查并给出指导。

（1）填写台区电价综合分析表。

（2）审查异常情况处理单：根据《电力营销管理标准》规范要求，正确填写电价异常工作单内容。

（3）根据现场提供的资料进行电量、电价、电费及低压线损等指标计算分析。

（4）填写规范性，表格填写不得进行涂改。

学习情境 ② 电费管理及抄核收工作

第一部分 学习任务

一、任务描述

（1）抄表。抄表现场工作基本服务规范；电能表识读；抄表异常分类与处理；示数复核规则介绍；抄表段管理基础知识；

（2）电费核算。现行电价政策介绍、电费计算规则介绍；

（3）电费收取。收取工作服务规范、电费催收及停电催收注意事项。

二、学习目标

（1）根据具体案例能正确概述工作现场抄表工作的基本服务规范；能对电能表正确识读；能处理抄表异常；熟悉抄表段管理知识。

（2）能详细叙述电费计算规则。

（3）电费收取。能正确概述收取工作服务规范；电费催收及停电催收注意事项。

第二部分 基础知识

电费管理实际上是电费的计收管理，它是指按照国家价格主管部门批准的电价，准确、及时地回收电费以及对其进行管理的活动。电费管理的工作主要体现在抄表、核算、收费和综合统计、分析等4个具体环节上。

抄表就是供电企业负责抄表的工作人员，按照规（约）定的抄表时间，用不同的抄表方法将客户电能表当月用电所指示的数值准确抄录下来，供计算电费使用。

电费核算，又称电费审核。它是把抄表取得的有关用电数据按不同类别及倍率算出用电量，再按国家规定的电价和计收电费方式计算出电费，并开具电费收据作为向客户收取电费的依据过程。电费核算有两种方式，一是采用人工核算电费；二是采用计算机核算电费。

电费回收工作是电费管理抄、核、收三道工序中的最后环节。供电企业对用户收取的电费主要用于支付上网电厂的购电费，是电网经营企业维持正常再生产的重要资金来源，同时也包括应按相关规定向国家缴纳的税金。用电客户必须按期缴清电费，不得拖延或拒交。客户在供电企业规定的期限内未交清电费时，应承担电费滞纳的违约责任。电费违约金从逾期之日起计算至交纳日止。电费管理工作流程见图3-1。

一、抄表

1. 抄表方法

现场手抄、现场微电脑抄表器抄表、远程遥控抄表、小区集中抄表、红外线抄表、电话抄表、委托抄表公司代理抄表。

抄表

集中	远程	现场	其他	电卡

输入微机

执行运算

审　核

有无问题

无问题

汇总电费应收日报表
收　费

应收电费总复核

应收电费汇总

定点坐收	付款购电	电费储蓄	银行代收	银行联网划拨	自动交款机	电话交费	网上交费

实收勾账

开户银行
实收电费汇总
实收、未收财务交接

实收电费汇总	欠费催收

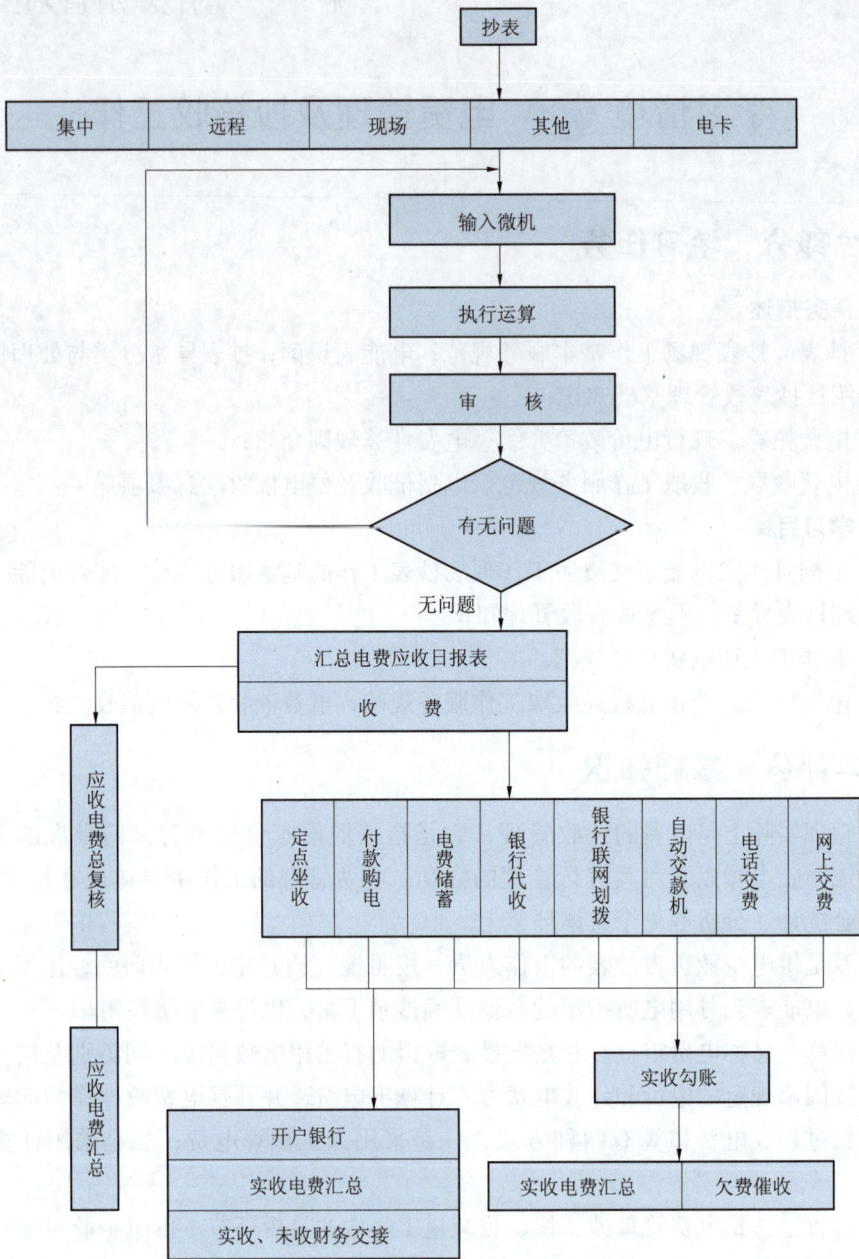

图 3 - 1　电费管理工作流程图

2. 抄表工作规定和要求

按规定日期抄表到位，不得估抄，抄表时，发现表计故障，计量不准时，除应了解表计运转及用电情况外，对当月电量可暂按上月电量计算电量。出现此类情况，除可与客户协商解决外，还应填写用电异常报告单，转请有关单位处理，并按要求办理多退少补手续。电力用电客户应了解用电性质、用电类别有无变化，发现客户有违章窃电行为，应做好记录，保护好现场，立即通知检查人员或有关领导到现场调查取证。发现客户用电量有较大幅度的变化，一般增减幅度在±30%及以上时，应及时向客户了解用电情况并注明原因。

3. 电费的处理

凡因电能表计量错误或电费计算错误，必须向用户退还和补收电费时，应本着客观公正、公平合理的原则，同时应耐心对用户做好解释工作，以减少国家损失，并维护用户的利益。退补电费的处理，手续要完备，情况应清楚，经过相关领导审批后方可办理。

二、电费核算

电费核算是电费管理的中枢。电费能否按照规定及时、准确地收回，账务是否清楚，统计数据是否准确，关键在于电费核算的工作质量。因此，应根据国家核准的电价标准、供电营业规则、功率因数调整电费办法以及有关规定，抓好电费核算工作。

1. 电量的计算

$$抄见电量 = （电能表本月指数 - 电能表上月指数）× 倍率$$
$$结算电量 = 抄见电量 + 变压器损失电量 + 线路损失电量$$

2. 电费的计算

（1）电费的计算

$$电量电费 = 结算电量 × 电量电价$$

如用户执行峰谷电价，其电量电费 = 高峰电量 × 高峰电价 + 低谷电量 × 低谷电价 + 平段电量 × 平段电价

（2）基本电费的计算及有关规定

$$基本电费 = 变压器容量（或最大需量）× 基本电价$$

（3）功率因数调整电费的计算

$$功率因数调整电费 = （电量电费 + 基本电费）× 功率因数增减百分数$$

（4）代征费用的计算

代征费用包括水利基金、城市公用事业附加费、可再生能源电价附加、后期移民扶持基金、农网还贷资金等。根据客户实际用电量按照国家批准的代征费用标准和征收范围计算。

3. 收费方式

电费收取过程根据收费方式的不同而有所不同。电费收取方式主要有：走收、托收、代收、电费储蓄及购电、坐收等。

▪▪▪ 第三部分　学习引导

> - **学习方式**
>   课堂传授、资料角、图书馆、教学资料、SG186 系统、咨询老师。
> - **学习引导**
>   抄核收工作内容。
>   对某电力用户每月列行抄表、收费，能在规定的时间内完成建卡、抄表、收费工作。

（1）能根据客户基础资料建卡，并正确抄录电能表读数，处理异常电量的关系。

（2）根据客户电能表读数与计量方式，正确进行电费计算与审核。

（3）根据客户基础信息，能正确进行电费催收：

1）客户基本信息：正确提供客户（用电人）资料、用电地址、用电性质、变压器基本信息、线路基本信息。

2）处理表卡基本信息：按照任务书提供数据填写抄表卡，不错填、漏填。

核对计量装置基本信息并抄表：现场核对电能表类型、表号、计费倍率等，如与现场不符，应在"异常情况处理单"上注明，在指定范围内，现场抄录电能表止码，并计算实用总电量，如发生异常电量或用户电量异常波动时应，在异常处理单上注明。

3）电费计算：根据给定的已知条件计算出相应的有、无功电量、变压器损耗以及相应的电费，填写电费发票。

4）发票审核：根据给定的已知客户电费发票，审核客户电量有无异常；电价执行是否正确（包含目录、基金、基本电费、丰枯峰谷、力率电费的执行）；电费数据是否正确；电费发票上的基础资料是否完整准确。

5）电费催收：根据现场提供的资料，分析案例，计算电费违约金，拟定电费催收措施，签发有关表单。

第四部分　典型任务及实施

一、典型任务

某客户向供电企业某电力用户每月例行抄表、收费，能在规定的时间内完成建卡、抄表、收费工作。

二、学习任务

根据具体案例：

（1）完成抄表前的工作准备；

（2）对模拟用户进行电能表的抄读；

（3）对抄读电量进行电费计算，并填写电费发票；

（4）对电费发票进行审核；

（5）正确审核发票，填写电费收费单；

（6）完成对模拟用户的电费回收。

三、由指导教师给出客户用电基本信息

（1）由教师提供客户基础资料、抄表卡，抄表器及抄表环境，错误的电费发票和要求电费回收的客户资料等；

（2）填写模拟抄表卡、异常情况处理单；

（3）正确填写电费发票，并审核电费发票；

（4）正确填写欠费确认书、催缴电费通知书和限（停）电通知书内容。

四、组织实施

学生每2～3人为一个小组，每个班可根据人数分成若干小组。要求每个小组根据任

务拟定抄表流程计划，然后以小组为单位组织实施计划流程，正确填写表单，交指导教师审查并给出指导。

（1）填写模拟抄表卡、异常情况处理单。

（2）审查异常情况处理单。

根据《电力营销管理标准》规范要求，正确填写欠费确认书、催缴电费通知书和限（停）电通知书内容。

（3）填写规范性。表格填写不得进行涂改。

第四章

用 电 检 查

学习情境 **1** 用电检查工作规范与检查范围

■■ 第一部分 学习任务

一、任务描述
对典型客户进行计划性用电检查，完成整个用电检查流程，制作相关文书。

二、学习目标
拟定检查计划，实施对某用户的用电检查，了解用电检查工作规范与检查范围。

■■ 第二部分 基础知识

一、用电检查内容
用电检查是供电企业为了维护供用电公共安全，依法对客户电力使用情况和用电行为进行检查的活动。用电检查工作贯穿于为电力客户服务的全过程，可以说从某一客户申请用电开始就有其职责，直到客户销户、终止供电为止，为保证电力系统安全可靠和连续运行，对用户运行维护的电气设备和用电行为等进行有效的监督、检查是十分必要的。因此，应将用户的电气设备和用电行为纳入统一管理、维护和定期预检的范畴。

因此用电检查工作既是对客户的服务工作，同时也担负着维护供电企业合法权益的任务。其性质是国家通过立法的形式，授予供电企业行使的具有执法性质的权力。这项工作必须以事实为依据，以国家有关电力供应与使用的法规、方针、政策，以及国家和电力行业的标准为准则，对客户的电力使用进行检查。

（一）定期检查的内容

1. 日常检查

（1）核对客户基本情况。

（2）检查客户设备运行有无异常和缺陷，防雷设备和接地系统是否符合要求。

（3）检查客户电气设备的各种联锁装置的可靠性和防止反送电的安全措施。

（4）检查供用电合同及有关协议履行的情况。

（5）检查电能计量装置及其运行情况，检查计量配置是否合理。

（6）检查客户功率因数情况和无功补偿设备投运情况，督促客户达到规定功率因数要求。

（7）检查客户供电专线的完好性。

（8）检查客户反事故措施落实情况。

（9）检查进网作业电工的资格、进网作业安全状况及作业安全措施。

2. 专项检查

（1）特殊性检查：对各级政府组织的大型政治活动，大型集会、庆祝、娱乐活动、节假日及其他大型专项活动，需落实具体措施，开展用电检查。对旅游景区、大型娱乐场所，加强对漏电保安器、熔断器等保护设施的检查。对有温泉的客户，须要求其安装漏电保安器。

（2）季节性检查：按季节的变化对客户设备进行安全检查，检查内容包括：防污检查；防雷检查；防汛检查；防冻检查。在高温天气的高峰时段，加强对客户电气设备的过热检查。

（3）事故性检查：客户发生电气事故后，除汇报有关部门，进行事故调查和分析外，也要对客户设备进行一次全面、系统的检查，协助客户制定相应的防范措施。

（4）营业普查：组织有关部门集中一段时间在较大范围内对客户履行供用电合同的情况及违约用电、窃电行为进行检查。

（二）营业普查管理

（1）除临时设立的营业普查领导组织机构外，电业局电力营销部负责营业普查日常管理工作及营业普查工作的分析、汇总报表工作。

（2）营业普查的内容和重点

1）查处客户违约用电、窃电行为；

2）核对电力局内部各种用电营业基础资料；

3）检查供用电合同执行情况；

4）对月用电量较大的客户，用电量发生波动较大的客户和用电行为不规范的客户进行重点普查。

（3）营业普查方法包括：内部检查、外部检查、内外查相结合。

（4）在营业普查工作中，对查处违约用电、窃电的有功人员，应按照《供电营业规则》及省电力公司和《电业局反窃电奖励实施细则》的有关规定给予奖励。

（三）客户自备电源管理

（1）客户自备发电机的管理，必须由属地供电局用电管理机构指定专门人员负责，客户需装设的自备发电机必须到供电部门办理申请，经审批后方可投入运行。

（2）凡有自备发电机的客户必须制定并严格执行现场倒闸操作规程。

（3）客户不得改变自备发电机与供电系统的一、二次接线，不得向其他客户供电。

（4）不论是新投运还是正投入运行的自备发电机组，均要求客户在电网与发电机接口处安装可靠闭锁装置，定期进行安全检查。

（5）对装有非并网自备发电机并持有自备发电机使用许可证的客户应单独建立台账进行管理。

（6）每年对配有自备发电机的客户进行一次复审，如发现问题，及时纠正处理。

（四）客户双（多）电源管理

（1）双（多）电源客户投入运行时，必须先作核相检查，以防非同相并列。

（2）高低压双（多）电源客户凡不允许并列电源运行者，必须在电源断路器或隔离开关上安装可靠闭锁装置，对装有后备电源自动投入装置的双电源，应在断路器的电源侧加装一副隔离开关，以备检修时有一个明显的断开点。

（3）双（多）电源客户其主、备电源均不得擅自变更运行方式。客户不得超过批准的备用用电容量用电。

（4）无联锁装置的高压双（多）电源客户必须同局调度部门签订调度协议。高低压双（多）电源客户的运行方式和倒闸方式应在调度协议中予以明确。

（5）低压双电源客户不允许并列运行，客户有自备发电机者其自备电源与电网连接处必须装设双投隔离开关，不得使用电气闭锁。

（6）在电力部门电源停电，客户自备发电机要接入某电力部门的变电所母线上对客户供电时，必须经双向切换隔离开关接入，或者经有闭锁装置的断路器接入，当连接系统的电源断路器未断开时，自备发电机不能接入。

（五）客户无功管理

（1）客户执行功率因数标准：100kV·A 及以上高压供电的客户功率因数为 0.90 以上。其他电力客户为 0.85 以上，农业用电为 0.80。

（2）检查客户无功补偿设备容量与用电设备装机容量配置比例是否合理。无功电力应就地平衡。客户在电网高峰负荷时的功率因数，应达到（1）的规定。

（3）检查客户无功补偿设备是否符合标准，安装质量是否符合规程要求。

（4）督促客户及时更换故障电容器，以保证无功补偿容量达到规定的标准。在供用电合同中注明凡功率因数不能达到第 1 条规定的新客户，该供电局可拒绝供电。对已送电的客户，应督促和帮助客户采取措施，提高功率因数。对在规定期限内未采取措施达到第 1 条规定的客户，该供电局可中止或限制供电。

（六）客户进网作业电工管理

（1）电力营销部负责对客户的电工管理的监督、检查和指导。

（2）电业局电力营销部负责进网作业电工的培训、考核并统一报送省电力公司审核、发证等事宜。

（3）进网作业的电工，需经电力营销部培训考核，并在按规定取得电工进网作业许可证后，方准进网作业。电工进网作业许可证两年进行一次复审。

（七）保安用电管理

（1）保安电力，亦称保安负荷。保安电源必须是与其他电源无联系而能独立存在的电源。

（2）保安用电管理是一项很重要的工作，用电检查人员应对客户的保安负荷进行核实，作为营业普查的重点。

二、用电检查工作计划的制订

各单位开展用电检查工作，应做到程序化、规范化和常态化，营业普查工作应做到制度化，需按照用电检查管理标准预先制订用电检查年度、月（季）工作计划。制定用电检查工作计划的原则包括以下几方面：

1. 用电检查工作年度计划

根据本地区电力客户的基本情况以年度工作为目标，进行计划编制，年度计划要突出全年工作重点，需要解决的突出问题，以及分阶段开展检查工作的内容。

2. 用电检查工作的月（季）计划

在用电检查工作年度计划的基础上，制订月（季）具体的检查工作内容，其内容包括：检查对象、检查的重点、具体应完成的检查数量。

3. 检查周期

（1）变压器容量在 2000kV·A 及以上客户，原则上每季度至少检查一次；

（2）变压器容量在 315~2000kV·A 客户，原则上每半年至少检查一次；

（3）315kV·A 以下专用变压器客户，原则上每年至少检查一次；

（4）0.4kV 及以下非居民客户，原则上每年至少检查一次；

（5）居民照明客户检查周期原则上定为每两年至少检查一次。

第三部分 学习引导

- **学习方式**
  课堂传授、资料角、图书馆、教学资料、SG186 系统、咨询老师。
- **学习引导**
  用电检查工作内容。

（一）对用电检查工作的基本要求和规范

（1）供电企业根据实际需要，按照检查的内容，采用经常性检查与非经常性检查方式对客户的安全用电、节约用电、计划用电状况进行监督检查。

对工作计划的要求：根据营销工作任务、供需形势、季节变化等有针对性的制订用电检查计划，要求月有计划，季度有总结。在用电检查中，用电检查工作单要加盖属地供电局行政公章，填写内容要求字迹清楚，用词准确，并明确检查结果。对存在问题，进行跟踪，实行闭环管理。

（2）检查工作人员要根据自己的资格和权限范围，实施对客户的检查。

（3）供电企业用电检查人员实施现场检查时，用电检查人员的人数不得少于 2 人。

（4）用电检查人员应认真履行用电检查职责，赴客户处执行用电检查任务时，应随身携带用电检查证，并主动出示证件。

（5）用电检查人员在执行用电检查任务时，应遵守客户的保卫保密规定，不得在检查现场替代客户进行电工作业。

（6）用电检查人员必须遵纪守法，依法检查，廉洁奉公，不徇私舞弊，不以电谋私。

（二）用电检查工作程序

（1）供电企业用电检查人员实施现场检查时，用电检查员的人数不得少于 2 人。

（2）执行用电检查任务前，用电检查人员应按规定填写用电检查工作单，经审核批准后，方能赴用户处执行查电任务，查电工作终结后，用电检查人员应将用电检查工作单交回存档。

（3）用电检查人员在执行查电任务时，应向被检查的用户出示用电检查证，用户不得拒绝检查，并应派员随同配合检查；在没有用户人员随同配合时，用电检查人员不得单方进入配电室进行检查工作。

（4）经现场检查确认用户的设备状况、电工作业行为、运行管理等方面有不符合安全规定的，用电检查人员应开具用电检查结果通知书一式两份，由用户代表签字后，一份送达用户，一份存档备查。

（5）用电检查人员应加强对用户电气设备的巡视、监督、检查，对不符合安全运行要求和违规的用电行为，首先必须以下达安全隐患整改通知书的形式，及时通知用户并督促其整改；其次，可通过友好协商，采取有偿代维护方式解决，防止类似问题的再度发生。

（6）现场检查确认用户在电力使用上有明显违反国家有关规定的违约用电行为的，用电检查人员应现场予以制止，并现场开具××电业局违约用电通知书，一式两份，由用户代表签字后，一份送达用户，一份存档备查。

（7）现场检查确认有窃电行为的，用电检查人员应当场制止其侵害行为，并现场开具××电业局窃电通知书，一式两份，由用户代表签字后，一份送达用户，一份存档备查，根据现场实际情况决定采取中止供电的措施。

（8）用电检查人员现场检查确认用户有窃电、违约用电行为的，应依法收集相关证据。

▫▫▫ 第四部分　典型任务及实施

一、典型任务

按照用电检查相关规定和程序，在现场对客户受电装置运行现场进行检查。

二、学习任务

1. 根据具体案例

（1）按照用电检查相关规定和程序，在现场对客户受电装置运行现场进行检查。

（2）依据相关规程、规范和技术标准，检查出涉及安全的各类隐患和存在的缺陷。

（3）正确检查分析运行设备存在的隐患和缺陷，并做好记录。

2. 由指导教师给出客户用电基本信息

（1）在规定的时间内，依据相关规程、设计规范和技术标准，检查客户受电装置运行现场存在的安全隐患和缺陷。

（2）填写用电检查工作单，拟定检查内容，并履行办理相关手续。

（3）正确填写用电检查结果通知书，对发现的问题正确撰写用电检查结果通知书并说明可能造成的不安全后果。

三、组织实施

学生每2~3人为一个小组，每个班可根据人数分成若干小组。要求每个小组根据任务拟定用电检查流程计划，然后以小组为单位组织实施计划流程，正确填写表单，交指导教师审查并给出指导。

（1）填写用电检查工作单。

（2）审查异常情况并根据《电力营销管理标准》规范要求，正确填写用电检查结果通知书内容。

（3）对发现的问题正确撰写用电检查结果通知书并说明可能造成的不安全后果。

（4）填写规范，表格填写不得进行涂改。

学习情境 ② 违约用电和窃电处理

■ 第一部分 学习任务

一、任务描述

（1）对典型客户进行用电检查工作，完成整个用电检查流程，制作相关文书。

（2）运用 SG186 营销应用系统进行用电检查环节。

二、学习目标

拟定检查计划，实施某用户高压配用电部分进行违约用电和窃电的查处。

（1）检查客户电能计量装置及运行情况，检查计量点设置是否合理，有功计量与无功计量装置的配置是否完备合理；

（2）检查客户电力负荷控制装置、继电保护和自动装置、调度通信等安全运行状况；

（3）检查供用电合同及有关协议履行的情况。

■ 第二部分 基础知识

一、违章（约）用电与窃电的稽查

凡是属于违反电力法律法规和供电企业有关规定使用电力的行为，统称违章用电。如果客户未遵守电力法律法规和供电企业的有关规定，又不履行与供电企业在合同中签订的约定的，就是违约用电。违章（约）用电，从主观上看，电量已计入，但又违反规定，按其性质，是一种过失行为。窃电是指以非法侵占电能，达到不交或者少交电费为目的，采用秘密手段不计量或少计量用电的行为。按其性质，属于蓄意违章，是有目的有预谋的，是盗窃公物财物的违法行为，属于盗窃行为，数额大的以盗窃罪论处。电力企业对违章用电行为可以责令改正，根据违章事实和造成的后果追缴差额电费，并按照国家有关规定加收违约使用电费（即加收违约金，情节严重或者拒绝改正的可以中止供电）。

对窃电行为，供电企业有权当即采取限制用电或者停电措施，并追缴电量电费；有权按照国家有关规定加收违约使用电费；情节严重的可向公安机关报案，追究其刑事责任。由于违章（约）、窃电的行为屡禁不止，除了供电企业加强稽查外，要积极动员社会力量进行监督、举报，对检举查获窃电者，按有关规定给予举报人必要的奖励，并做好保密工作，赢得社会的支持。

（一）处理用电检查和反窃电工作流程

由于用电检查和反窃电工作具有较强的政策性、时效性，因此供电企业在开展此项工作时，不仅要求要有严谨的检查程序和工作纪律，还应在内部健全相应的工作流程，规范手续传递、审批、管理权限等工作环节，以保证用电检查和反窃电工作有序、顺畅地开展。用电检查工作流程和窃电处理工作流程参见实际操作指导书附录附表 D、附表 G。

（二）窃电现场检查及取证的注意事项

（1）注意保护现场，严禁破坏现场。查获窃电后，应及时通知公安部门赴现场提取证据，收集好与计算窃电量有关的证据资料，对现场要采用拍照、录像等方法保留证据，并要有窃电户电工和负责人的签名。

（2）要注意查窃电过程中的信息保密工作，一方面是要求参加查电人员要对查窃电排摸工作中的线路安排、检查的客户等进行保密，以免打草惊蛇。另一方面是要对查获案件的窃电方式、手段等，注意保密，防止扩散，被不法分子所利用。

（3）用电检查人员在赴客户现场进行日常检查工作时，应收集客户与用电量相关的资料，对有窃电嫌疑的，可以对同类型单位进行产品单耗、用电量、产品销售价格及生产情况的多方面的比对，从相关数据来综合判断该户是否有窃电行为。

（4）用电检查人员要加强对窃电案件的窃电手法的研究，窃电分子的窃电手段已经从过去的最初级的方法发展到了利用高科技手段进行窃电，而且方法多种多样，从过去的单干发展到今天的窃电团伙和专业窃电户，并有组织有预谋的进行窃电，所以，在查获窃电案件的同时，要积极的进行研究，提出防范措施，防止类似案件的发生。

（5）如发现有窃电行为的，应现场开具窃电处理工作单，一式2份，记录现场查获情况，由客户负责人或当事人签字。

（6）确认有窃电行为的，用电检查人员可以依法予以中止供电，事后向单位领导汇报。

（7）在查窃电中，应重点对计量装置进行检查。

（三）对查获窃电案件的处理

（1）对查获窃电的一般性案件，按《供电营业规则》规定以追补电量、电费和收取3倍的违约使用电费处理为主。

（2）对窃电数额巨大，性质恶劣，情节严重的窃电案件，可以向公安机关报案，追究其刑事责任。

（3）对追究其刑事责任的窃电案件，在计算窃电电量及窃电金额，并提交上级部门对计算的方法和结果进行鉴定后，方可提交司法部门。

（4）对窃电案件的处理需经本单位领导审批后，方可以执行。

（四）窃电电量及窃电金额的计算

窃电电量的计算，如供电企业按收取违约使用电费处理的，对所窃电量的计算可以按照《供用电营业规则》第一百零三条规定进行计算，如果需要追究刑事责任的窃电案件，对所窃电量的计算应该本着实事求是，就低不就高的计算原则进行计算，计算方法分以下几种：

（1）采用单耗法计算：

窃电量＝选取同类型单位正常用电的产品单耗（或实测单耗）×窃电期间的产品产量＋其他辅助电量－已抄见电量。

（2）在总表上窃电的：

窃电量＝分表电量总和－总表的已抄见电量。

（3）有关计算数据难以确定的：

窃电量＝历史上正常的相应月份的用电量×k－窃电期间的抄见电量（k为用电增长系数）。

（4）总表窃电，但

1）分表装接不全的：

窃电量＝分表电量总和＋未装表户的用电功率×每天利用小时－总表已抄见电量。

2）分表也窃电的：

窃电量＝正常用电后的日平均电量×窃电起止时间－总表抄见电量（也可以用第（3）条计算）。

（5）致使表计失准的：

窃电量＝抄见电量×（G－1），G为更正系数。

（6）执行峰谷电价的：

窃电量按峰谷比分开计算。

（7）窃电金额＝窃电量×窃电期间的电力销售价格＋国家、省物价部门规定按电量收取的其他合法费用。

二、违约用电和窃电行为的处理方法

（1）用电检查人员接到信息后，到现场进行调查。

（2）现场调查包括：① 证据收集。现场取证包括：拍照或录像、现场笔录、画窃电接线图、收缴与窃电有关的物证。② 对查出的窃电客户要在当地派出所备案。③ 对客户需停电处理的，要经过经贸局的同意方可停电。用电检查人员一般不得在查获窃电、违约用电的同时，在现场向用户开具、发出窃电处理结果通知书、违约用电处理结果通知书，而应在查获窃电、违约用电后，严格按照电业局查处窃电或违约用电管理办法规定的处理权限，尽快实行上报、审批，根据审批的意见向用户出具窃电处理结果通知书、违约用电处理结果通知书（一式3份，由用户代表签字后，一份送达用户，一份存档备查，一份交财务作收费依据。），其中，通知书上要注明窃电的起止时间，违约条款及窃电量，客户在接到通知书之日起3日内，必须到当地供电局办理有关手续，否则逾期不到后果自负。

（3）客户中心处理内容包括：① 与窃电客户协商解决；② 进行追补电量及追补电费和违约电费的计算；③ 出具电业局违约用电、窃电处理决定书一式3份，交客户服务中心由收款人员留存1份，客户留存1份，另1份转回用电检查部门存档备查；④ 与客户签订还款协议。

（4）归档内容包括：待财务结算核收追补电费后，用电检查人员应将此次客户违约用电行为计入该户的违章、窃电记录，并将资料归档。

（5）拒绝接受供电企业按规定处理的，可按国家规定的程序停止供电，并请求电力管理部门依法处理，或向司法机关起诉，依法追究其法律责任。有下列情形之一者，用电检查人员可立即向当地公安机关报案（或拨打110）：① 在查处过程中强行阻挠检查人员查处工作的；② 拒不接受供电企业按规定处理，采取聚众闹事、围攻的；③ 公然强行毁灭证据的；④ 公开侮辱、谩骂检查人员，甚至实施暴力相威胁的。

检查人员应保护好现场和证据，待公安人员到达现场后，汇同公安人员、用户代表一起对窃电现场进行确认，配合公安人员作好现场取证工作，并对全过程中进行拍照、摄像。

（6）用户窃电行为被查获后，对窃电量（经现场初步估算）在 10 000kW·h 及以上、窃电情节严重的，一用电检查人员应及时将查获窃电的情况、被窃电量和相应的损失电费金额以书面形式向当地公安机关申请立案，请求依法打击，同时将相关材料留底备查。书面文字报案材料应包括以下内容：① 现场检查的基本情况：主要内容包括检查时间、地点、被检查对象、检查经过和发现的问题以及检查的结论。② 根据现场检查的情况和窃电户如实提供的窃电时间（若窃电时间不能查明，在调查取证后确认窃电时间），对被窃电量损失进行初步确认，内容包括被窃电量和相应的损失电费金额。③ 书面报案材料要表明供电企业的立场，即要求窃电者赔偿损失并承担相应的法律责任。④ 书面报案材料必须加盖"双供电局"的印章，及时送达当地公安机关。⑤ 在向公安机关送达书面报案文字材料的同时，应随附上盗窃电能违法犯罪案件窃电方式及窃电金额认定书，其标准格式见附表。⑥ 检查人员应按表格规定的形式和要求填写。

三、举报、检举信息管理工作程序

（1）对于来自内部和社会各个渠道的举报信息，应有专人负责分类登记、受理，有相关负责人应对登记、受理的举报信息进行工作批示；

（2）用电检查人员应在根据工作批示开具用电检查工作单后，方可赴用户处检查；

（3）对举报人的奖励，应在举报信息查证属实，补交电费和违约使用电费收取到账后，按照相关规定进行奖励；

（4）对于来自上级部门、领导的举报信息，在查处工作完毕后，应以书面形式予以回复。

四、反窃电的法律途径和有效策略

（一）针对不同情况采取相应的法律途径

1. 民事违约处理途径

通过供电企业追收电费及违约使用电费、实施中止供电等办法以补救民事侵权造成的损失。

2. 行政处罚途径

供电企业就窃电案件或重大违约用电行为提请电力管理部门处理，对其实行电力行政处罚，没收非法所得并处以罚款。

3. 司法途径

供电企业就窃电案件向公安机关报案，申请立案，提请司法机关处理，轻者对窃电者按治安管理处罚条例实行拘留、罚款；重者按盗窃罪定罪量刑，并处罚金，赔偿供电企业的因窃电造成的损失。

三种法律途径可达到不同的惩治目的，就供电企业而言，反窃电的首要目标和着力点是最大程度追回电费损失，遏制窃电现象的继续发生，这是由企业追求经济效益的基本功能定位所决定的。因此，一般情况下供电企业按照民事途径来处理窃电行为，但因为受到主体法律地位的权限限制，其处理方式和措施不具有强制力，显得力度不够。司法途径虽然惩罚力度最大，具有强大的威慑力，但对于供电企业最大程度挽回经济损失不是很有利，而对于追究窃电者的刑事责任，供电企业既要尽力而为，也要顺势而为，能否对窃电者判刑是不以供电企业的意志为转移的，对窃电者刑事制裁的期望要符合司法机关执法的实际情况，所以针对现有窃电案件的复杂性和多样性的情况应确定不同的期望值和预期目标，采取相应的法律途径。

（二）采用切实有效的反窃电工作策略

1. 保护用电检查权的策略

一是在签订供用电合同时，对用户发生的窃电行为，除应追补被窃的电量电费外，还要将收取补交电费3倍的违约使用电费的内容明确写入合同条款，提升收取违约使用电费的法律效力；二是针对窃电事实被查获后，窃电单位法人避而不见、拒绝签字，同时他们对其电工、电气负责人的签字又不认可的情况，采取在供用电合同中或另签订反窃电协议对窃电行为应承担的民事违约责任和应受到的刑事处罚进行约定的办法，以增强约束力。同时要求法人代表通过内部授权方式授予电工、电气负责人可以代表法人在处理文书上签字的权利，从而预先设置保护用电检查权的屏障。

2. 提高查处工作权威性的策略

巧借公证机关、技术监督部门之力，保障查处工作的权威性。当窃电者拒绝对窃电事实签字认可时，可以和公证机关、技术监督部门沟通，借助其强有力的证据和技术鉴定的权威性，来证明供电企业查处窃电行为的合法性、窃电事实的存在以及窃电行为的违法性，保证查处工作的顺利进行。

（三）开具用电检查文书应注意的事项

用电检查工作单、用电检查结果通知书、违约用电通知书、窃电通知书、违约用电处理结果通知书、窃电处理结果通知书是用电检查人员依据《用电检查管理办法》，基于供用电合同的履行开展用电检查工作时，对存在违约用电或窃电行为的用户按照供电营业规则实施查处的法定依据和重要的书证材料，对于正确、妥善处理窃电和违约用电行为，或向司法机关提供证据方面都非常重要。所以检查人员在填写开具上述表单时，应特别注意以下事项：

（1）违约用电通知书、窃电通知书只用于对现场违约用电或窃电情况的定性，必须配套使用用电检查结果通知书，对检查经过和现场情况以及检查结论作准确、详细的表述，不可缺省。

（2）对于窃电行为和重大的违约用电行为，用电检查人员应对当事人作现场询问笔录，并要求被询问人在现场询问笔录上签字、盖手印，作为违约用电通知书、窃电通知书的附件和重要的书证材料留档备查。

（3）能够现场查明违约用电容量、窃电容量以及相关时间的，必须在用电检查结果通知书、违约用电通知书和窃电通知书上填写和表述清楚。现场确实无法查明的，才作"时间不明，待查"或"容量需进一步查明"等表述，但不能留空不填写，并要求用户签字确认。

（4）在出具违约用电处理结果通知书、窃电处理结果通知书时，对于追补电量、电费的计算，要求依据充分、计算过程清楚、计算结果正确，而不能直接填写计算结果，对于违约使用电费的收取，应严格按照《供电营业规则》的相关规定填写。对于按照管理权限必须上报的违约用电、窃电案件，必须在得到电业局的审批意见后，才向用户规范出具违约用电处理结果通知书、窃电处理结果通知书，实际收取数额按照审批意见数额收取。

（5）用电检查所用表单必须签盖"××供电局"的印章，不能盖"××供电局营销科"等其他印章，更不能不盖章就出具检查文书和表单。

（6）现场出具用电检查结果通知书、违约用电通知书和窃电通知书时，要求必须填写2人及以上有相应用电检查资质人员的姓名以及用电检查证号码，姓名、用电检查证号码必须填写完整、清晰。

（7）用电检查标准表单文书填写范本参见附表。

五、营销稽查

营销稽查是对供电企业内部办理用电业务的各个环节进行检查的活动。由于用电业务办理的环节较多，涉及的部门也多，为了减少差错，维护供电企业和广大客户的利益，供电企业应制定营销稽查工作办法，开展营销稽查活动。

（一）营销稽查的主要工作

（1）对业扩各环节全过程的检查。主要检查业务办理有无超时限、有无未按照电力营销系统规定的各项工作流程标准进行办理、有无在某个环节出现"卡壳"现象等，对检查出的各种问题进行分析，如属于管理上的问题，要分析原因提出具体的完善措施；由于内部原因引起的，要进行对内部考核，对责任部门催促督办。避免因为同一原因造成多起业扩超时限行为的发生；由于客户原因的，也要客观分析，提出对策。

（2）对客户所执行的电价正确与否、向客户收费合理与否进行检查。所有电价必须执行国家规定的电价，收取的费用必须有物价部门的批准文件，不能搭车收费。对发现的错误及时进行调整。

（3）对抄表实抄率、差错率进行检查和抽查。抄表实抄率（到位率）和差错率是我们用电营业工作的重要工作指标，直接关系到各项经济指标的完成，如电费回收率、线损率等，关系到对客户用电情况的分析判断，要杜绝抄表人员的估抄和电话报抄现象，否则，容易给一些客户少报电量或进行窃电的机会，使供电企业造成损失。所以，要在现场建立抄表到位登记卡，并不定期的进行检查。

（4）对电费差错率进行检查（出门差错和闭门差错）。电费差错的多少，既直接关系到供电企业的经济效益和形象，也与客户有直接的关系。所以，要通过对电费的复核，减少电费的出门差错，即使有差错，也只能是闭门差错。每月对检查出的每笔差错进行登记，查明差错原因，要做到不查明原因不放过。

（5）对电费回收率的完成情况进行检查。按照月度目标和年度的完成目标，进行检查并考核。对电费回收率完成差的单位，帮助分析原因，提出解决办法，落实催费措施。

（6）负责退补电量、电费的审核工作。对电费正常差错的退补，以及由于计量装置的错误接线和损坏而引起的电量、电费的退补，进行审核认定。

（7）对违约用电及窃电的处理情况进行检查。对违约用电或窃电户的电量、电费的追补，违约使用电费的收取进行审核认定。

（8）完成各种报表的统计上报和对相关部门的经济责任制的考核统计工作，检查和分析来自营业窗口的客户信息和动态，按期进行用电、电费回收、平均电价、业务扩充工程的综合分析和专题分析，提出改进意见，以提高管理水平，改进服务质量，揭露解决营销工作中的矛盾，供领导决策参考。

（二）营销稽查的周期

营销稽查人员应每月对以上稽查项目进行检查，按月制定所辖区域的稽查计划，每季度对稽查结果进行分析，写出季度的分析报告，提出改进意见。

▪▪▪. 第三部分　学习引导

- **学习方式**
  课堂传授、资料角、图书馆、教学资料、SG186 系统、咨询老师。
- **学习引导**
  违约用电与窃电处理。

由于窃电行为近年来呈现了多元化、隐蔽性、多发性、复杂性和智能化的特点，甚至出现了有组织和有计划的发展趋势，而且窃电者逐渐具备了一定的反检查手段和能力，增大了反窃电工作的难度。因此，用电检查人员应顺应形势，加强培训和锻炼，提高反窃电的策略手段和政策水平，根据需要变换检查方法，采用周期性检查和突击检查相结合，常规检查和重点检查相结合，日常检查和节假日、夜间突查相结合等灵活机动的方式，并熟练掌握全面、过硬的检查方法。

一、常用的检查方法

常用的检查方法归纳起来有直观检查法、仪表检查法、电量分析检查法和经济分析法四类，分别介绍说明如下：

1. 直观检查法

用电检查人员通过眼看、耳听、口问、手摸对电能表、计量二次回路连线、计量互感器、用户配电装置、仪表等进行检查，从中发现窃电的蛛丝马迹。

（1）检查电能表：① 观察电表的外壳是否完好；② 观察电表运转情况，是否有转动摩擦声、卡阻现象，用手摸电表外壳有无抖动现象；③ 观察铅封是否完好、正确，有无伪造痕迹；④ 观察表计型号、规格、表号是否与用户档案信息一致；⑤ 观察表计的安装和运行环境、条件；⑥ 观察表计接线是否规范、牢固，有无杂线；⑦ 观察表计外壳灰尘，是否留有接触过表计的痕迹；⑧ 观察表计是否有因内部故障在外壳玻璃、塑料透明部分造成的污渍；⑨ 观察电流、电压、功率表的指示情况和用户的现场负荷情况及工况是否吻合。

（2）检查接线：① 观察接线有无开路或接触不良；② 观察电压指示表，检查 TV 熔断器是否存在开路或接触不良；③ 观察电能表接线盒、计量电流端子排、TA 端子是否短路；④ 检查计量二次回路接线，极性是否正确、连接是否有效、有无杂线存在；⑤ 检查计量二次回路接线是否有改接的痕迹；⑥ 检查是否有绕表接线和私拉乱接的线。

（3）检查互感器：① 观察 TA 的 K1、K2 端子螺丝压接是否紧固，是否存在虚接；② 观察 TV、TA 接线是否符合要求，接线中间是否连接有其他负载（其他的如监测仪表等），连接组别是否正确；③ 观察 TV、TA 的变比、型号、规格、编号是否与用户档案信息一致；④ 观察 TV、TA 的运行工况，是否有不正常的声音、不正常的发热现象或因绝缘材料过热发出的焦灼味。

2. 仪表检查法

用电检查人员通过采用钳形电流表、电压表、相序表、相位仪、电能表现场检定仪等仪器、仪表对计量装置的各电气参数进行现场测量，以此对计量装置是否正常运行作出判断。

（1）用钳形电流表检查。① 检查低供低计直读表时，将相线、零线同时穿过钳口，根据相、零线电流的代数和应为零，钳形表的读数应为零，如有电流，则必然存在窃电或漏电；② 检查高供低计套接电流互感器的电表时，要同时测量一、二次回路的电流，以此判断电流互感器变比是否与铭牌一致，是否存在开路、短路现象或极性错误等；③ 通过现场测得的电流值，可粗略的计算出有功功率，并与用户现场实际负荷和电能表反映出的功率作对比，看三者是否基本一致。

（2）用电压表检查。用电检查人员通过对表头电压的测量，可对以下几个方面的问题作出判断：① 电压二次回路是否存在开路、接触不良或回路上串接了负载而引起的失压、电压明显偏低；② 检查是否存在电压互感器极性接错造成的二次电压异常；③ 检查电压互感器出线端至表头的电压是否在规程规定的压降范围内。

（3）用相序表检查。用电检查人员通过对表头电压相序的测量和无功表运行状况作比较，可对以下几个方面的问题作出判断：① 检查电压是否反相序接入；② 检查是否存在二次电压线相别错误接入。

（4）用相位仪检查。用电检查人员通过用相位仪检查电能表的电压和电流的相位关系，根据测量显示的矢量图或根据测量数据画出的矢量图，可判断是否存在表计接线错误。① 对于三相三线两元件电能表，主要是测量电表进出线 UAB 与 L4，UCB 与 IC 之间的相位差；② 对于三相四线三元件电能表，主要是测量电表进出线 UA 与 IA，UB 与 IB，UC 与 IC 的相位差。

使用相位仪检查时，应特别注意用户现场的功率因数，由于甲角的不同，会引起矢量图中电流、电压夹角的较大变化，否则会影响正常判断。

（5）用计量故障分析仪（专用窃电检查仪器）检查。用电检查人员可采用专用窃电检查仪器对有窃电嫌疑的用户进行检查，该仪器功能较之普通仪表更加完善，能显示出多项相关电气参数及相量图，由其检测出的参数和结果可简捷快速对现场情况作出判断：① 现场检查用户计量装置的综合误差；② 显示用户现场一、二次电流、电压相量图；③ 现场检测出 TA 的实际变比值；④ 根据检测出的综合误差结果可粗略判断是否存在二次回路故障、错误接线以及表计内部故障；⑤ 根据现场显示的电流、电压一、二次相量图的对应关系和相位差，可粗略判断是否存在二次回路故障、错误接线，是否存在窃电行为。

3. 电量对比分析法

用电检查人员根据用户运行变压器容量、用电负荷性质、用电负荷构成、现场负荷状况、生产经营情况与近期用电量、历史同期用电量作分析对比，从中判断用户是否存在窃电行为。

（1）根据运行设备容量检查电量。根据用户运行中的变压器容量、变压器的负载情况与电能表记录的累计电量和各时段的电量作分析对比，判断用户是否存在窃电行为。

（2）根据负荷情况检查电量。根据用户现场实测负荷情况和用电时间推算出日电量，与电能表记录的电量作对比分析，判断用户是否存在窃电行为。

（3）根据三种对比分析电量。将用户近期月用电量与历史同期电量作分析对比；将用户当月月用电量与前几个月电量作分析对比；将用户近一时期月平均用电量与同行业、同属性的其他用户作对比，分析是否存在电量突增、突减的较大波动，或用电能耗明显低于其他用户、同行业用户的情况，并查明原因，以此做出判断。

4. 经济分析法

经济分析法即采取内外结合的方式进行调查，对内主要是对线损率进行综合分析——从线损波动较大或线损居高不下的线路入手，找到检查窃电的突破口；对外主要是对用户的单位产品耗电量、产品产量等入手进行调查分析，查找窃电线索。

（1）线损分析。电网的线损率由理论线损和管理线损两部分构成，理论线损由电网设备的参数和运行工况决定，而管理线损则是由供电部门的管理因素和人为因素构成，这其中就包含了因窃电因素造成的电量损失。为此：① 做好线损率的统计、计算和分析；② 做好理论线损的计算，并建议实施理论线损的在线监测；③ 减少因内部管理因素造成的线损波动；④ 将线损的变化情况作时间上的纵向对比以及与同类线路设备的横向对比，查找波动原因。通过以上的调查分析，可以缩小检查范围，找到检查窃电的突破口，开展针对性的检查。

（2）用户单位产品耗电量分析。通过将国家对一些常见工业产品颁布的产品单耗定额或同类型企业正常的产品单耗与被检查用户的实际产品单耗作对比分析，可以判断用户是否存在窃电行为：① 将用户用于生产的总用电量除以该用户生产报表中的产品总量，得出产品单耗；② 将用户用于生产的总用电量除以已了解掌握的产品单耗，推算出该用户的产品总量；③ 将同类别、同生产属性用户的用电单耗进行横向比较，或者是将重点嫌疑户的单耗按时间作纵向对比。

5. 用户功率因数分析法

一个生产比较稳定、计量装置和无功补偿运行正常的企业，其功率因数应该是比较稳定的，一般都在10%内变动。而窃电的企业就很难保证其功率因数的变化在这个正常范围内，因此用电检查人员可以通过电费信息系统查找功率因数超范围波动或突变的用户，对其波动和突变的原因进行横向对比和纵向分析，从中可查找到用户窃电或计量装置故障的线索。

二、防治窃电技术措施

近年来，各地在防治窃电技术措施方面积累了不少成功的经验，最重要的一点是抄表人员和用电检查人员的责任心，他们应经常对用户的电能计量装置和线路进行不定期的检查巡视，发现客户用电量有较大幅度地变化，一般增减幅度在±30%及以上时，应及时向客户了解用电情况并注明原因。在设备上防治窃电技术的措施有如下几种：

（1）采用专用计量箱或专用电表箱。

（2）封闭低压出线端至计量装置的导体。

（3）采用防撬铅封。

（4）采用双向计量或逆止式电表。

（5）规范电表安装接线。

（6）规范低压线路安装架设。

（7）三相四线用户改用3只单相表计量。

（8）三相三线用户改用三元件电表计量。

（9）低压用户配置漏电保护断路器。

（10）计量TV回路配置失压记录仪或失压保护。

（11）采用防窃电表或在表内加装防窃电器。

（12）禁止在单相用户间跨相用电。

（13）禁止私拉乱接和非法计量。

（14）改进电表外部结构使之利于防窃。

（15）关注防窃电新技术、新产品的应用动态。

三、窃电行为、窃电量以及窃电金额的确定和计算

1. 窃电行为的认定

窃电是指公民、机关、团体、企事业单位和其他社会组织以不交或少交电费为目的，采用秘密或其他手段非法占有电能的行为。

现场检查有确凿证据证实有窃电行为的，用电检查人员有权制止，当场对用户相关人员制作现场询问笔录，依法收集和保存相关证据，向用户发出用电检查结果通知书、《窃电通知书》，并根据现场实际情况决定是否立即采取中止供电的措施。

2. 窃电量的确定和计算

（1）《供电营业规则》规定的确定窃电量的方法：① 在供电企业的供电设施上，擅自接线用电的，所窃电量按照私接设备的额定容量（kV·A视同kW）乘以实际窃用的时间计算确定；② 以其他方式窃电的，所窃电量按计费电能表标定电流值（对装有限流器的，按限流器整定电流值）所指的容量（kV·A视同kW）乘以实际窃用的时间计算确定；③ 窃电时间无法查明的，窃电日数至少以180天计算，照明用户每天按照6h计算，电力用户每天按照12h计算。

（2）《供电营业规则》规定的确定窃电量的方法：① 在供电企业的供电设施上，擅自接线用电的，所窃电量 按私接设备的额定容量（kV·A视同kW）乘以实际使用时间计算确定；② 以其他方式窃电的，按计费电能表标定的最大额定电流值（对装有限流器的，按限流器整定电流值）所指的容量（kV·A视同kW）乘以实际窃电时间计算确定；③ 以有关部门提供的合法书证材料记载的电量确定。

（3）窃电时间或窃电容量无法查明的，依据川高法［2000］218号文《关于办理盗窃电能违法案件有关问题的意见》，可参照下列几种方式确定窃电量：① 按照同属性、同行业单位正常用电的单位产品耗电量或者同类产品平均用电的单耗乘以窃电者的产品产量，加上其他辅助用电量，再减去用电计量装置的抄见电量计算确定；② 按照窃电后用电计量装置的抄见电量与窃电前正常的月平均用电量的差额，并根据实际用电变化确定；③ 在总表上窃电、按分表电量及正常损耗之和与总表抄见电量的差额计算；④ 因窃电致使电能计量装置损坏或无法查清铭牌容量的用电设备的，按照现场实际所测负荷乘以实际窃电时间计算；

（4）计算窃电量应注意的问题：①"实际使用时间"包含两层意思：一是指窃电总的时段，即"几年"、"几月"、"几天"；二是指每天窃电的小时数，如三班制生产的企业，每天应按24h计算；属营业用电的，应按其每天实际的营业小时数计算。对于违约用电行为之一的混价用电，其混价用电时间也是同一确定原则。② 法规、规章在窃电量确定计算中所提及的"标定电流值"是指计量装置铭牌标注的额定电流，如铭牌标注为3×10（40）A的电能表，在确定计算窃电量时其标定电流值就应取3（10）A。③ 采用《供电营业规则》的几种方法确定窃电量时，应减掉已交费结算的电量。

以上我们讲述了窃电量确定和计算的方法，在实际查处窃电的工作中，用电检查人员应根据用户的实际情况和处理途径予以灵活、准确地掌握：① 能够通过调查工作查清窃电容量和实际窃电时间的，按照查清的容量和时间计算，并由通过调查收集到的相关证据予以证明，这是处理窃电案件，追收电量、电费或移交司法处理的首选计算方法。② 对于窃电时间确实无法查明的工业生产等可统计用电单耗的用户，按照单位产品耗电量或者同属性、同行业单位产品平均用电单耗乘以窃电户的产品产量的计算方式是比较客观、公正的，在司法实践中也予以采信。③ 对于窃电时间确实无法查明的其他用户，一是按照窃电后用电计量装置的抄见电量与窃电前正常的月平均用电量的差额进行计算；二是按分表电量及正常损耗之和与总表抄见电量的差额进行计算。④ 根据《供电营业规则》第一百零三条第2款关于窃电时间确定的原则推定计算出的窃电量，根据目前实际司法判例，在法庭调查时一般不予采信，因此该条款在处理重大、复杂的窃电案件或启动进入司法程序时一般不宜采用，只有当以上3种确定方式都无法实施时才予以采用。

四、常见的高压计量装置异常情况追补电量的计算方法

1. 计算方法

电能计量装置发生异常、故障，如TV一次熔断器熔断、TA一相反极性等是计量装置时常发生的异常情况，也有可能是窃电者故意所为，如何准确计算因异常情况应追补的电量、电费，对于正确处理窃电案件、及时挽回企业损失以及强化计量装置管理工作都非常重要。

对电能计量装置异常电量的追补计算一般按照下列表中的公式进行计算：

$$\Delta W = W[G_X(1-r)-1]$$

式中　ΔW——追补电量；

　　　W——电能表在异常状态期间所记录的电量；

G_X——更正系数；

r——电能表在异常状态期间的相对误差。

三相三线有功电能表在三相负荷对称时的更正系数以及平均功率因数角取值。表中 A 为当有功表相对误差为零时，在错误接线期间测得的有功电量及"错误电量"。B 为当无功表相对误差为零时，在错误接线期间测得的无功电量及"错误电量"。

2. φ 角经验计算法

当因各种原因无法取得错误电量 A、B 时，通常计算 φ 角可以采用下列的经验方法：① 按照用户计量装置无故障期间，正常用电 3～6 个月的平均功率因数计算 φ 角；② 当用户无功自动补偿装置不能正常运行、或因无功表止逆装置停转漏计了部分无功电量时，可按照《供电营业规则》规定的不同类别的用户应达到的功率因数，取值进行计算；③ 对于按规定不考核功率因数的用户，因无法取得无功电量，不采用以上计算办法，可考虑参照历史正常电量进行追补。

3. 窃电金额的计算

窃电金额是指因窃电而非法占有的应缴纳电费的金额。

窃电金额 = 窃电量×电网销售电价（包括目录电价和各项基金及均摊）

对执行分时电价的用户，在计算窃电金额时应注意三点：

（1）因无法分清窃电户究竟在那个时段窃电，在计算窃电金额时均采用平段电价；

（2）在计算窃电金额时应考虑随季节浮动的丰枯电价，经查实窃电时间较长，跨度较大的，应按照丰枯电价分期计算开票；

（3）用户在窃电期间若电价发生了政策性调整，在计算窃电金额时应考虑电价调整因素，分期进行计算。

【案例分析】 有一电力客户，批准容量为 630kV·A×2，10kV 供电，采用高压计量，计量用 TA 变比为 75/5，2009 年 5 月 5 日发生故障，将 TA 烧毁，该客户未向供电企业报告，擅自购买了 100/5 的将已烧毁的 TA 进行更换，并将原 TA 的铭牌拆下钉到新互感器上，当年 7 月 31 日被供电企业的用电检查人员检查发现。经调查，5 月 1 日～7 月 31 日，该客户抄见电量为 60 万 kW·h，该户平均电价为 0.6 元/（kW·h）。

问 （1）该客户的行为属于什么行为？

（2）用电检查人员应该如何处理？

（3）试计算应该追补的电量、电费及违约使用电费。

答 （1）该客户的行为属于窃电行为。

（2）按《供电营业规则》规定：① 客户应负担 TA 的赔偿费；② 客户私自更动供电企业的用电计量装置，应承担 5000 元的违约使用电费；③ 追补电费并承担补交电费的 3 倍违约使用电费。

（3）应追补的电量：600 000×100/75 - 600 000 = 200 000（kW·h）

应追补的电费 200 000×0.6 = 120 000（元）

违约使用电费 120 000×3 = 360 000（元）

【案例分析】 由供电局以 380/220V 供电给居民张、王、李三客户。2000 年 5 月 20 日，因公用变压器中性线断落导致张、王、李三家家用电器损坏。同年 5 月 26 日，供电局在收到张、王两家投诉后，分别进行了调查，发现在这一事故中张、王、李三家分别损坏电视机、电冰箱、电热水器各一台，且均不可修复。用户出具的购货票表明：张家电视机原价 3000 元，已使用了 5 年；王家电冰箱购价 2500 元，已使用 6 年；李家热水器购价 2000元，已使用 2 年。供电局是否应向客户赔偿？如赔，怎样赔付？

分析 根据《居民用户家用电器损坏处理办法》，三客户家用电器损坏为供电部门负责维护的电气设备导致供电故障引起，应作如下处理：

（1）张家及时投诉，应赔偿。赔偿人民币 $3000 \times (1 - 5/10) = 1500$ 元；

（2）王家及时投诉，应赔偿。赔偿人民币 $2500 \times (1 - 6/12) = 1250$ 元；

（3）因供电部门在事发 7 日内未收到李家投诉，视为其放弃索赔权，不予赔偿。

【例题1】 有一加工厂自行迁移新址，但新址用电容量（10kV 配电变压器容量为 315kV·A）及供电点未变，两个月后经用电检查人员发现，应如何处理？

解 （1）根据《供电营业规则》第二十六条规定：客户迁址，须提前 5 天向供电企业提出申请，未申请且私自迁址的，属违约用电行为。

（2）根据《供电营业规则》第二十六条第五项规定：自迁新址之日起，不论是否引起供电点变动，一律按新装用电重新办理手续，按规定交纳各种费用。

（3）根据《供电营业规则》第一百条第五项规定：私自迁移、变动和擅自操作供电企业的用电计量装置等的该客户应承担 5000 元人民币的违约使用电费。

4. 违约用电的含义及处理规定

任何用电户均应认真执行供用电的有关规章制度，特别是在 1996 年 10 月 8 日国家电网建设公司以第 8 号令颁发的《供电营业规则》中对违约用电行为的处理有明确规定。规定如下：

（1）在电价低的供电线路上，擅自接用电价高的用电设备或私自改变用电类别的，应按实际使用日期补交其差额电费并承担 2 倍差额电费的违约使用电费。使用起讫日期难以确定时，实际使用时间按 3 个月时间，动力每日 12h，照明每日 6h 计算。

（2）私自超过合同约定的容量用电的，除应拆除私增容量设备外，属于两部制电价的客户，应补交私增加设备容量使用月数的基本电费，并承担 3 倍私增容量基本电费的违约使用电费；其他客户应承担私增容量每次每千瓦（千伏·安）50 元的违约使用电费，同时拆、封其私增设备；如客户要求继续使用时，应按新装增容办理。

（3）擅自超过计划分配的用电指标的，应承担高峰超用电力每次每千瓦 1 元和超用电量与现行电价电费 5 倍的违约使用电费。

（4）擅自使用已在供电企业办理报暂停手续的电气设备或启用供电企业封存的电气设备的，应停用违约使用的设备。属于两部制电价的客户，应补交擅自使用或启用封存设备容量和使用月数的基本电费，并承担 2 倍补交基本电费的违约使用电费；其他客户应承担擅自使用或启用封存设备容量每次每千瓦·时（千伏·安）30 元的违约使用电费，同时再次封存擅自启用的电气设备。

（5）私自迁移、更动和擅自操作供电部门的用电计量装置、电力负荷管理装置、供电设施以及由供电企业调度的客户受电设备者，属于居民客户的，应承担每次500元的违约使用电费；属于其他客户的，应承担每次5000元的违约使用电费。

（6）未经供电企业同意，擅自引入（供出）电源或备用电源和其他电源私自并网的，除应当即拆除接线外，还应承担其引入（供出）或并网电源容量每千瓦（千伏·安）500元的违约使用电费。

用电用户应遵纪守法、遵章守纪，明确违章的含义与违章的危害，杜绝违章用电。供电部门则应加强培训与宣传教育，对违章用电应即予制止及处理；对多次违章者，可停止供电；对造成严重后果者，应依法起诉。

【例题2】 用电检查人员在2009年7月30日检查时，发现某大工业客户将已报停并经供电企业封存的用电设备私自启封投入运行，设备容量为2000kV·A，时间已无法查明，只知道该设备的停运时间为2009年5月10日，供电企业应收取多少违约使用电费？[基本电费为每月15元/（kV·A）]

解 补交基本电费 $= 2000 \times 15 \times 21/30 + 2000 \times 15 + 2000 \times 15 = 81\,000$（元）

违约使用电费 $= 81\,000 \times 2 = 162\,000$（元）

【例题3】 供电企业抄表人员在9月30日对某大工业客户抄表时发现该客户私增320kV·A变压器1台，当日已拆除。经核实，其私增时间为8月25日，供电企业应收取多少违约使用电费？[基本电费为每月15元/（kV·A）]

解 补交基本电费 $= 320 \times 15 \times 7/30 + 320 \times 15 = 5920$（元）

违约使用电费 $= 5920 \times 3 = 17\,760$（元）

【例题4】 某城市一居民客户，利用住宅开办营业食杂店，未办理用电变更手续，起讫时间无法查明，近3个月的月均用电量为360kW·h，供电企业应收取多少违约使用电费？[不满1kV商业电价0.78元/（kW·h），居民生活电价0.36元/（kW·h）]

解 追补差额电费 $= 360 \times 3 \times (0.78 - 0.36) = 453.60$（元）

违约使用电费 $= 453.60 \times 2 = 907.20$（元）

五、窃电的含义及处理规定

窃电是盗窃国家资财的不法行为。任何用电单位或个人，均应以国家利益为重，严格要求，认真清查，杜绝各类窃电现象。

对于各种窃电行为，供电部门除应予制止并可当场中止供电外，还应按私接容量和实际使用时间追补电费并按追补电费的3~5倍收取违约使用电费。情节严重时，要依法起诉。窃电时间无法查明时，则至少按180天计算（电力用户每日按12h，照明用户每日按6h计）。用户窃电或违章用电造成电业设备损坏时，应负责赔偿或修复。

供电部门对检举和查获窃电的有关人员要给予奖励（奖金可从违约使用电费中支付）。供电局及用户的电气工作人员都应带头抵制任何窃电与违章用电行为，对明知故犯者要从严处理。

【例题5】 某城市一居民客户越表用电，包括用电容量100W灯泡6个，60W灯泡5个，100W电冰箱1个，供电企业应收取多少追补电费和违约使用电费？（销售电价为0.399元/kW·h）

解 追补电量 = $(0.1 \times 6 + 0.06 \times 5 + 0.1) \times 6 \times 180 = 1080$ （kW·h）

追补电费 = $1080 \times 0.399 = 430.92$ （元）

违约使用电费 = $430.92 \times 3 = 1292.76$ （元）

合计 = $430.92 + 1292.76 = 1723.68$ （元）

【例题6】 某城市有一客户供电电压为380/220V的工厂，越表用电锯一台，容量为10kW，供电企业应收取多少追补电费及违约使用电费？[销售电价为0.672元/(kW·h)]

解 追补电量 = $10 \times 12 \times 180 \times 0.8 = 17\,280$ （kW·h）

追补电费 = $17\,280 \times 0.672 = 11\,612.16$ （元）

违约使用电费 = $11\,612.16 \times 3 = 34\,836.48$ （元）

合计 = $11\,612.16 + 34\,836.48 = 46\,448.64$ （元）

六、对用户实施终止供电的规定

用电检查中凡发现下列情形之一的，可按规定实施终止供电：

（1）危害供用电安全、扰乱供电秩序，拒绝检查者；

（2）拖欠电费经多次通知仍拒不交者；

（3）受电装置经检验不合格，在指定期间内又未能改善者；

（4）用户注入电网的谐波电流超过标准，冲击负荷及对称负荷对电能质量产生严重干扰，且在规定限期内未能采取措施者；

（5）拒不在限期内拆除和增加用电容量者；

（6）拒不在限期内交付违约用电所引起的费用者；

（7）违反安全用电、计划用电有关规定，且拒不改正者；

（8）私自向外转供电或确有窃电行为又不改正者；

（9）出现不可抗拒因素或需要紧急避险（如自然灾害）等情况时。

▸▸▸ 第四部分 典型任务及实施

一、典型任务

（1）根据教师布置某客户违约用电和窃电的查处任务，学生正确拟定用电检查工作单。

（2）学生作为用电检查人员按照相关法律法规要求与用户正确沟通，开展工作。

（3）完成现场高压设备检查工作。

（4）完成现场低压设备检查工作，并填写相应用电检查工作单。

二、学习任务

1. 拟定用电检查计划

（1）检查对象；

（2）检查内容；

（3）检查时间；

（4）审批。

2. 实施检查

（1）高压设备检查；

（2）计量装置有无异常；

（3）客户电工进网作业电工资质检查；

（4）电工作业管理规定检查。

3. 文书制作

（1）高压用电检查工作单；

（2）违约用电通知单；

（3）窃电结果处理通知书。

三、由指导教师给出客户用电基本信息

四、组织实施

（1）学生每 2~3 人为一个小组，每个班可根据人数分成若干小组。要求每个小组根据任务拟定抄表流程计划，然后以小组为单位组织实施计划流程，正确填写表单，交指导教师审查并给出指导。

（2）活动设计。

1）由教师设置检查现场；

2）给定客户基本信息；

3）现场检查设备状况；

4）检查电工资质状况；

5）编写用电检查工作单。

用电检查工作单包括：高压用电检查工作单（见表 4-1）；低压用电检查工作单（见表 4-2）；违约用电、窃电处理工作单（见表 4-3）；窃电通知书（见表 4-4）；用电检查结果通知书（见表 4-5）；窃电处理结果通知书（见表 4-6）；违约用电通知书（见表 4-7）；违约用电处理结果通知书（见表 4-8）。

表 4 - 1   高压用电检查工作单

户号：   编号：

检查人员		用电检查证号		检查时间		检查批准人	
户　名				用电地址			
生产班次		电气负责人		职　务		电　话	

用电检查项目，客户执行情况：正常打√，不正常写具体内容，未检查项目打"/"

法律法规执行情况		供用电合同和有关协议履行情况	
各种规章制度执行情况		架空及电缆线路	
断路器运行情况		变压器运行情况	
隔离开关、母线运行情况		防雷设备和接地系统	
操作电源运行情况		连锁装置和反送电措施的完好性	
二次设备运行情况		设备年检预试情况	
安全防护措施的完好性		保安电源和非电性质保安措施	
反事故措施		进网作业及电工管理	
计划用电、节约用电情况		电能计量装置的运行情况	
负荷管理和调度通信		受端电能质量	
无功补偿		是否存在国家明令淘汰设备	
客户并网电源和自备电源		缺陷限期整改完成情况	
工作票		工作记录	
其他情况			

供电方式	主供电源		主供电源		备用电源		保安电源	
	报装容量		报装容量		报装容量		保安容量	
	使用容量		使用容量		使用容量		自备电源容量	
	核实情况				转供电情况			

计量及电价电费	计量方式	TA 变比	TV 变比	附加线损	光力定比	光力定量	居民生活占光力比例		
	表号	有功（总）	有功（峰）	有功（平）	有功（谷）	表号	无功（总）	倍率	照明指数	倍率
	电价类别	力调标准		基本电费标准		收取基本电费容量		变压器暂停、启用记录		
	核实情况									

检查情况说明和结论：

客户签字：

表 4-2 低压用电检查工作单

户号: 编号:

检查人员		用电检查证号			检查时间		检查批准人	
户 名					用电地址			
生产班次		电气负责人		职 务		电 话		

用电检查项目,客户执行情况:正常打√,不正常写具体内容,未检查项目打"/"

法律法规执行情况		供用电合同和有关协议履行情况	
各种规章制度执行情况		进线断路器和隔离开关	
架空及电缆线路		配电箱柜	
防雷和接地装置		联锁装置和反送电措施的完好性	
设备周期试验情况		安全防护措施的完好性	
保安电源和非电性质保安措施		反事故措施	
进网作业电工管理		计划用电和节约用电情况	
电能计量装置的运行情况		无功补偿	
自备电源		缺陷整改完成情况	
工作票和工作记录		其他	

供电方式	主供电源		备用电源		保安电源	
	报装容量		报装容量		保安容量	
	使用容量		使用容量		自备电源容量	
	核实情况		转供电情况			

计量及 电价电费	计量方式	TA变比	计量柜	附加线损	光力定比	光力定量	居民生活占光比例		
	表号	有功总	有功峰	有功平	有功谷	表号	无功总	倍率	照明止数	倍率

计量及 电价电费	表号	有功总	有功峰	有功平	有功谷	表号	无功总	倍率	照明止数	倍率

	力调标准		电价类别		核实情况	

检查情况说明和结论:

客户签字:

表 4 – 3 违约用电、窃电处理工作单

编号：NO.

户名			用电地址		
户号		用电容量 (kV · A)		计量方式	
通知书 编号			查获时间		
违约用电 或窃电方式					
违约用电或 窃电时间			违约用电或窃电金额		
违违约用电 或窃电金额				用电检查员： 年　　月　　日
审核意见					年　　月　　日
供电局审批 意见					年　　月　　日
电业局审批 意见					年　　月　　日
					年　　月　　日

表 4 −4   窃 电 通 知 书   编号：NO.

户 名		户 号	
联 系 人		联系电话	

经现场检查，确认你单位（或个人）违反《电力法》及其配套管理办法的有关条款，属于下列用 √ 标注的第_____条窃电行为。

☐（1）在供电企业的供电设施上，擅自接线用电，窃电设备容量_____kV·A（kW）。起始时间_____。

☐（2）绕越供电企业的用电计量装置用电：窃电设备或计费电能表标定电流计算容量_____kW，窃电起始时间_____。

☐（3）伪造或者开启用电计量装置封印用电：窃电设备或计费电能表标定电流计算容量_____kW，窃电起始时间_____。

☐（4）故意损坏供电企业用电计量装置：窃电设备或电表电流计算容量_____kW，窃电时间_____。

☐（5）故意使供电企业的用电计量装置计量不准或者失效：窃电设备或电表标定电流计算容量_____ kW，窃电起始时间_____。

☐（6）其他方法窃电：窃电设备或电流计算容量_____kW，窃电起始时间_____。

请你单位（或个人）自接到本通知书之日起 3 日内，到_____办理有关手续，逾期不到而引起一切后果由贵方负责。

备注：

客户签收：_____   用电检查人员：_____

用电检查证号：_____

检查单位：（公章）

签收日期：   年   月   日 ·   检查日期：   年   月   日

注 客户服务中心电话：95598。

表 4－5　　　　　　　　　　用电检查结果通知书

编号：NO.

户　名		户　号	
联 系 人		联系电话	

　　经我局用电检查人员发现贵户电力使用存在以下问题，请按要求在规定期限内整改，将处理结果报我局用电检查部门，否则由此引起的一切损失和责任由你方承担。

_____

_____

_____

_____

_____

_____

_____

客户签收：（公章）　　　　　　　　用电检查员：_____

　　　　　　　　　　　　　　　　　用电检查证号：_____

　　　　　　　　　　　　　　　　　检查单位：（公章）

签收日期：　　年　　月　　日　　检查日期：　　年　　月　　日

注　客户服务中心电话：95598。

表 4-6　　　　　　　　　　窃电处理结果通知书

编号：NO.

户　号		用电地址	
户　名			

　　请客户自接到本处理结果通知书之日起 3 日内到＿＿＿＿＿＿办理交纳追补电费和违约使用电费等有关手续，逾期不到而引起的一切后果由贵方负责。

客户签收：　　　　　　　　　　　　　　　　　（公章）：

签收日期：　　年　月　日　　　　　　　　　送发人：

　　　　　　　　　　　　　　　　　　　　　送发日期：　　年　月　日

留置送达见证人：＿＿＿＿＿　　送达签收地点：＿＿＿＿＿　　送达签收时间：＿＿＿＿＿

注　客户服务中心电话：95598。

表4-7 违约用电通知书

编号：NO.

户　　名		户　　号	
联 系 人		联系电话	

经现场检查，确认你单位（或个人）违反《电力法》及其配套管理办法的有关条款，属于下列用√标注的第＿＿＿＿＿＿＿＿条违约用电行为。

违约用电行为：

□1. 擅自改变用电类别：原类别＿＿＿＿＿＿＿，现类别＿＿＿＿＿＿＿，改变时间＿＿＿＿＿＿＿。

□2. 擅自超过合同约定的容量用电：合同受电设备总容量＿＿＿＿＿＿＿kV·A（kW）。现实际使用容量＿＿＿＿＿＿＿kV·A（kW），违约起始时间：＿＿＿＿＿＿＿。

□3. 擅自超过计划分配的用电指标：计划电力指标＿＿＿＿＿＿＿kW 或计划电量指标＿＿＿＿＿＿＿kW·h，实际超用次数及电力（电量）＿＿＿＿＿＿＿。

□4. 擅自使用已办理暂停手续或启用已被查封的电力设备：（暂停、查封）设备容量＿＿＿＿＿＿＿kV·A，（暂停、查封）期限＿＿＿＿＿＿＿＿至＿＿＿＿＿＿＿＿。擅自使用时间：＿＿＿＿＿＿＿。

□5. 擅自迁移、更动或者擅自操作供电企业的计量装置、负控装置、供电设施以及约定由供电企业调度的客户受电设备，＿＿＿＿＿＿＿＿＿＿。

□6. 未经供电企业许可擅自引入、供出电源或者将自备电源擅自并网：擅自（引入）（供出）（并网）电源容量＿＿＿＿＿＿＿kV·A（kW）、时间＿＿＿＿＿＿＿。

请你单位（或个人）自接到本通知书（一式两份）之日起3日内，到＿＿＿＿＿＿＿供电局办理有关手续，逾期不到而引起的一切后果由贵方负责。

备注：

客户签收：＿＿＿＿＿＿＿＿＿＿＿＿　　　用电检查人员：＿＿＿＿＿＿＿＿＿＿＿

　　　　　　　　　　　　　　　　　　用电检查证号：＿＿＿＿＿＿＿＿＿＿＿

签收日期：　　年　　月　　日　　　　检查单位：（公章）

　　　　　　　　　　　　　　　　　　检查日期：　　年　　月　　日

注　客户服务中心电话：95598。

表 4 – 8 违约用电处理结果通知书

编号：NO.

户　号		用电地址	
户　名			

请客户自接到本处理决定书之日起 3 日内到_____办理交纳追补电费和违约使用电费等有关手续，逾期不到而引起的一切后果由贵方负责。

客户签收：_____　　　　　　　　（公章）

签收日期：　　　年　　月　　日　　　　送发人：_____

送发日期：　　　年　　月　　日

留置送达见证人：_____　送达签收地点：_____　送达签收时间：_____

注　客户服务中心电话：95598。